中国特色学徒制试点　学徒岗位教材

种子繁育学徒岗位手册

周　勇　主编

中国农业大学出版社
·北京·

内 容 简 介

本书包括3个部分：步入企业、认识岗位、学徒工作学习任务。步入企业包含我国种业发展机遇与挑战、种业员工个人职业生涯发展规划、种业财务管理3个专题；认识岗位包括种子繁育员岗位、种子企业技术设备与安全生产2个专题；学徒工作学习任务包含玉米制种技术，小麦制种技术，棉花制种技术，西瓜、甜瓜制种技术。内容包括专业知识准备、任务目标与质量要求，学习产出目标、工作程序与方法要求、业务知识与经验分享、知识拓展等。

本书具有标准化、综合性、做学合一、以师带徒、职业浸润、脚手架式手册特色，适合作为农业职业院校种子生产与经营专业的专业课教材，也适合作为种子相关企业种子繁育人员的培训用书。

图书在版编目(CIP)数据

种子繁育学徒岗位手册 / 周勇主编. --北京：中国农业大学出版社，2023.4
ISBN 978-7-5655-2971-9

Ⅰ.①种… Ⅱ.①周… Ⅲ.①作物育种-技术培训-教材 Ⅳ.①S33

中国国家版本馆 CIP 数据核字(2023)第 067867 号

书　　名 种子繁育学徒岗位手册
作　　者 周勇 主编

策划编辑 张 玉　　**责任编辑** 张 玉
封面设计 郑 川
出版发行 中国农业大学出版社
社　　址 北京市海淀区圆明园西路2号　　**邮政编码** 100193
电　　话 发行部 010-62733489,1190　　读者服务部 010-62732336
编辑部 010-62732617,2618　　出 版 部 010-62733440
网　　址 http://www.caupress.cn　　**E-mail** cbsszs@cau.edu.cn
经　　销 新华书店
印　　刷 运河(唐山)印务有限公司
版　　次 2023年5月第1版　2023年5月第1次印刷
规　　格 180 mm×255 mm　16开本　13.5印张　330千字
定　　价 45.00元

图书如有质量问题本社发行部负责调换

编 审 人 员

主　编　周　勇（新疆农业职业技术学院）

副主编　王新燕（新疆农业职业技术学院）

李　瑜（新疆农业职业技术学院）

参　编　王金玲（新疆农业职业技术学院）

贾丽慧（新疆农业职业技术学院）

张灵光（新疆农业职业技术学院）

杨卫军（新疆广宇科技发展有限公司）

王　煜（新疆金天山农业科技有限责任公司）

张志明（新疆金丰源种业有限公司）

周志成（新疆祥丰生物科技有限公司）

卢正义（昌吉州登海种业有限公司）

主　审　王海波（新疆农业职业技术学院）

史　梅（新疆农业职业技术学院）

前　言

党的二十大报告指出，深入实施种业振兴行动，强化农业科技和装备支撑。“国以农为本，农以种为先”，种子是农业生产中最重要的、最基本的、最活跃的和不可替代的生产资料，具有强大的再生产能力，世界万物的生存繁衍无不是从“种”开始的。从远古农耕到传统农业，再到现代农业，没有不用种子的农业。新疆地处欧亚大陆腹地，属典型的大陆性气候，空气干燥，少雨，日照长，昼夜温差大，作物制种种子饱满、色泽好、发芽率高，是我国重要的农作物制种基地。目前在新疆，国内外种子企业云集，对种子生产管理技术人员需求旺盛。

本教材是新疆农业职业技术学院国家现代学徒制试点项目种子生产与经营重点专业学徒岗位课程开发项目教材，由校企技术专家从职业岗位分析入手，按照职业岗位工作过程，从业职业能力、资格要求，结合专业顶岗实习环节，设计制定课程标准。在此基础上我们组织校企专家共同编写了本教材。

本教材具有以下特点：

1.突出新疆区域大田作物种子生产特点，教学内容与从业岗位技术相一致。

2.按照工作过程编排教学内容，内容新，突出工作过程技术操作和经验性知识获得。

3.教材与专业工学结合人才培养相配套，通过校内基本知识学习后，由企业专家指导完成顶岗工作作业，并定期考核评价。教材既用于教学，又是学徒企业学习期间的技术手册。

4.教材设置5个入职培训专题，帮助学徒快速步入企业，了解学徒岗位；在学徒工作学习任务中，设置“专业知识准备”“典型人物案例”等内容，帮助学徒学习专业知识、操作技能，培育学徒的工匠精神；同时，通过“业务知识与经验分享”内容，鼓励学徒自主学习，掌握学习方法。

5.教材适合新疆种植类高等职业教育、中等职业教育层次学生使用。

按照大田种子繁育岗位工作特点，本教材分为步入企业、认识岗位、学徒工作学习任务三个部分。第一部分入职培训专题一、三由周勇、王新燕编写；入职培训专题二由周勇、张灵光编写。第二部分入职培训专题四由王新燕、周勇编写；入职培训专题五由周勇、李瑜编写。第三部分第一节由周勇、王新燕、李瑜、杨卫军、卢正义编写；第二节由周勇、王金玲、王煜编写；第三节由周勇、张志明编写；第四节由周勇、贾丽慧、周志成编写。合作企业的杨卫军、王煜、张志明、周志成、卢正义等技术专家共同参与了教材开发。

编　者

2023 年 5 月

目录

第一部分

步入企业

The first part

The first part

The first part

The first part

入职培训专题一

我国种业发展机遇与挑战

第一节　我国种业的发展历程与地位

一、中国种业发展历程

"国以农为本，农以种为先。"种子是农业生产中最重要的、最基本的、最活跃的、不可替代的生产资料，具有强大的再生产能力，世界万物的生存繁衍无不是从"种"开始的。从远古农耕到传统农业，再到现代农业，没有不用种子的农业。农业的发展，人类的生存无不依赖于种子。

历史上，勤劳智慧的中国人逐步掌握了选种、浸种、拌种、鉴定新陈种子、去杂保纯和留种田、系统选育新品种等种子生产技术。20 世纪 20～30 年代，一些在国外攻读农学的留学人员回国效力，带回了近代的育种理论和技术，制定了严格的育种程序及试验制度，使国内的育种工作初步与国际接轨。我国种业发展，始终坚持保障农业发展、粮食安全、主要农产品的有效供给，始终伴随着国家政策、市场形势、人民需求而变革。纵观我国种业的发展历程，大致可以分为以下四个阶段：

（一）计划经济阶段

根据《国务院批转农林部关于加强种子工作的报告》中"各有关部门要紧密配合，为尽快实现种子生产专业化、加工机械化、质量标准化和品种布局区域化，以县为单位统一供种"的要求，农林部于 1978 年 7 月率先成立了中国种子公司，各地方种子机构也相继设立种子公司，公司与所在管理部门合署办公，行政、技术、经营"三位一体"，形成高度组织化的计划经济种子工作体系。1989 年，国务院通过了《中华人民共和国种子管理条例》，原农业部于 1991 年发布并实施了《中华人民共和国种子管理条例农作物种子实施细则》。

（二）种子产业化阶段

1992年，原全国种子总站在安徽合肥召开全国种子站长（经理）会议，交流了合肥市种子公司实行科研、生产、经营、推广一体化的发展经验，明确提出“建设中国特色社会主义现代化种子产业”的发展方向。1995年，在天津召开的全国种子工作会议提出：“实行种子革命，创建种子工程”，要求要以市场为导向，以增产增收为目标，以质量为核心，以商业化为途径，加大对种业基础建设的支持。随着种子工程开始实施，良繁基地、试验基地、加工中心、储备中心、检测中心等一批项目相继上马，我国种子生产条件、仓储能力、加工水平、检验能力、试验条件等均得到大幅度提升，种子包装率、加工率、商品率大幅度提升，种业开始逐步“上规模、上档次、上水平”，种子产业化进入了快速发展轨道。

（三）种子市场化阶段

2000年7月8日，第九届全国人民代表大会常务委员会第十六次会议审定通过《中华人民共和国种子法》。相较于1989年的《中华人民共和国种子管理条例》，重点对种子生产经营体制进行了重大调整，打破地区封锁，放开经营主体，实行标签制度，市场化之门从此打开。2006年，国务院办公厅印发了《国务院办公厅关于推进种子管理体制改革加强市场监管的意见》，强力推进政、事、企全面分开，打破了管理与经营不分家、管理者既是“裁判员”又是“运动员”的不公平局面，彻底为我国种子全面市场化松绑，我国种业市场活力得以全面激发。社会资本不断涌入种子行业，民营企业、科研院所纷纷加入，国际种业巨头逐步进入中国种子市场，经营主体数量由此前的2 700多家，迅速扩大到最高峰的8 700多家，促使我国种子生产经营的技术水平、管理理念、质量意识、种子价值等得到质的飞跃，种子市场化水平明显提高。

（四）现代种业阶段

2011年，国务院印发《国务院关于加快推进现代农作物种业发展的意见》，明确提出，以科学发展观为指导，推进体制改革和机制创新，完善法律法规，整合农作物种业资源，加大政策扶持，增加农作物种业投入，强化市场监管，快速提升我国农作物种业科技创新能力、企业竞争能力、供种保障能力和市场监管能力，构建以产业为主导、企业为主体、基地为依托、产学研相结合、育繁推一体化的现代农作物种业体系，全面提升我国农作物种业发展水平。

2013年，国务院办公厅印发《国务院办公厅关于深化种业体制改革提高创新能力的意见》，要求深化种业体制改革，充分发挥市场在种业资源配置中的决定性作用，突出以种子企业为主体，推动育种人才、技术、资源依法向企业流动，充分调动科研人员积极性，保护科研人员发明创造的合法权益，促进产学研结合，提高企业自主创新能力，构建商业化育种体系，加快推进现代种业发展，建设种业强国，为国家粮食安全、生态安全和农林业持续稳定发展提供根本性保障。

2015 年，第十二届全国人民代表大会常务委员会第十七次会议修订《中华人民共和国种子法》，通过保护和合理利用种质资源，规范品种选育、种子生产经营和管理行为，保护植物新品种权，维护种子生产经营者、使用者的合法权益，提高种子质量，推动种子产业化，发展现代种业，保障国家粮食安全，促进农业和林业的发展。

2016 年后，种业企业“多小散弱”状况明显改善，全国种业企业由 2011 年前的 8 700 余家，下降到 2016 年的 4 316 家(图 1-1-1)，前 10 强企业市场集中度由 15％提高到 18％，前 50 强市场集中度由 30％提高到 35％，企业创新能力快速增强，企业获得新品种权数量比 2011 年增长了 16 倍，品种权申请量超过科研单位，成为育种创新主体。国际化进程快速推进，种业“走出去”步伐大大加快，现代种业扬帆启航。

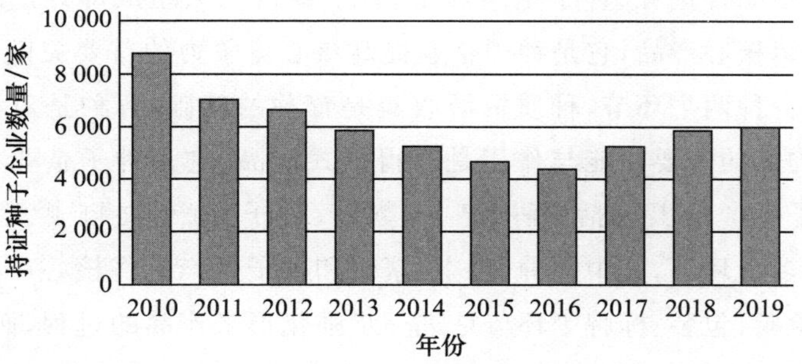

图 1-1-1　我国种子企业的数量统计

二、认识种业

（一）种子整体产品

种子整体产品包括核心产品、形式产品、扩增产品三个层次，三种产品在整体产品中的地位和表现形式有所不同：核心产品是整体产品的内核，重点强调的是一种技术、性能或权利的获得，它是形式产品与扩增产品的基础，用种者购买种子的根本目的是获得该种子的一些性能，如高产、优质、抗逆、抗虫等，追求的是核心产品；形式产品是核心产品的物化，是一种有形的产品，大多具有商标、包装、样式等商业特点，用种者在购买形式产品的同时也就获得了核心产品；扩增产品以前两者为基础，主要表现为种子售后以栽培、植保为主的配套技术服务和促销等，扩增产品相对于前两种产品而言，更着重于对无形价值的创造，用种者购买的是种子整体产品，所以发展种子产业应该把着眼点放在促进种子整体产品的开发上。

（二）种子产业

为满足农业生产用种需要而专门从事与种子整体产品生产及经营有关的经济活动的集合称为种子产业。这个集合主要由品种选育、种子生产加工、种子经营等系统和种质资源收集、育种、原种(亲本)繁殖、种子生产、收购、储运、精选、包衣、检验、包装、标牌、销售及售后服务等环节组成的有机整体。

(三)种业体系

种业体系是指由品种选育、种子生产加工、种子经营这一产业链条以及与其相互作用的政府管理、公共支持、社会服务等系统共同构成的有机整体。

(四)种子产业与种业体系的关系

分析种业体系概念就可以发现,种子产业与种业体系的关系是部分与整体的关系。种子产业是种业体系的主要组成部分,种业体系则是包括种子产业链条各个组成部分在内的,并由相应的政府管理、公共支持、社会服务等系统共同构成的一个有机整体。

(五)种子产业各组成部分的主要功能与作用

种子产业包括品种选育、种子生产加工、种子经营三大组成部分。品种选育的主要功能与作用是获得核心产品,它是种子企业提高核心竞争力的首要关键。品种选育包括种质资源收集和育种两个环节,种质资源收集是育种的基础,育种是对种质资源的开发利用;种子生产加工的主要功能与作用是获得形式产品,它是种子企业将核心产品物化的必经之道,种子生产加工包括原种(亲本)繁殖、种子生产、收购、贮运、精选、包衣、检验、包装、标牌等多个环节,其中原种(亲本)繁殖和种子生产是将核心产品物化的关键环节,精选、包衣、检验、包装、标牌等环节是进一步强化形式产品的过程,而种子收购、贮运则是连接上述环节的中间过程;种子经营的主要功能与作用是形成扩增产品、收回投资和实现利润,它是种子企业实现其最终目标、创造利润的具体形式。

第二节　我国种业的发展机遇与挑战

一、全球种业发展现状

种子是农业生产中不可替代、最基础的生产资料。种子行业位于整个农业产业链的起点,是提高农业综合生产能力、增加农民收入、确保粮食安全、关系国计民生的基础性、战略性产业。当今世界各国都把加强种子科技研究,推动种子产业发展列为促进农业发展的重要举措。近十几年来,全球种业在发展上呈现两个明显的特点。

(一)全球种子市场规模急速扩大

2004 年全球种子市场规模仅 190 亿美元,2014 年达到 538 亿美元,年均增速 11%。2004—2014 年,传统种业年均增长水平为 4.1%,而同期转基因种业为 46.3%。由于转基因作物种植面积的增速下降,最近三年,转基因种业增长水平降为每年 7%,而传统种业基本保持了近十年来的平均增长速度(4.9%)。

北美自由贸易区是全球种业最发达的地区,约占全球种业市场份额的 34%,其中美国是全球最大的种子市场，美国国内市场基本被六大综合性农业企业垄断，特点是市场集中度高、知识产权保护力度强；南美洲受转基因作物种植面积快速上涨的影响，市场份额不断扩大；亚洲种子市场以中国为主，是世界第二大种子市场，市场集中度低，法律、政策等还有待完善(图 1-1-2)。

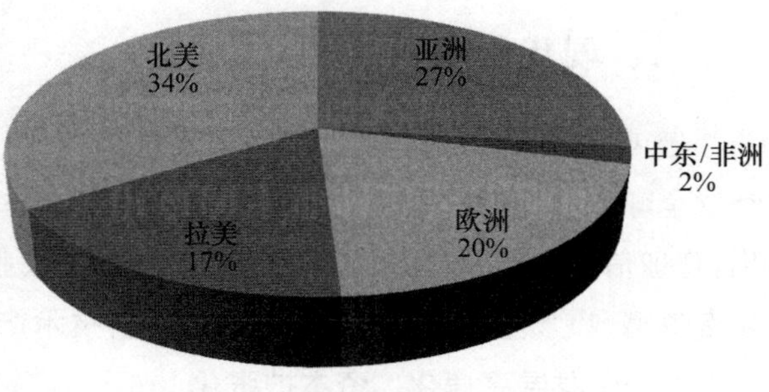

图 1-1-2　当前全球种业市场地区分布情况

(二)种业巨头发展迅速

全球十大种业公司的发展速度大多数高于全球种子规模增长速度，第一位的孟山都和第二位的先锋 2004—2015 年的年均增速分别为 12.5%和 8.5%；规模较小、位居第五的陶氏益农的发展速度更快，高达 25%。目前，全球前六大种子公司占据全球 2/3 的种子市场，而这六大公司中有四个是大型农化公司。全球玉米和大豆种子主要集中在孟山都、杜邦先锋和先正达等公司(两种作物上三家企业合计占据超过 60%的市场)；棉花种子主要集中在孟山都和拜耳两家公司；蔬菜种子集中在孟山都和利马格兰。孟山都、杜邦、先正达、陶氏益农、巴斯夫和拜耳之间存在广泛的种子性状的交叉授权。以孟山都、杜邦先锋、先正达等为代表的几大公司，几乎垄断了除亚洲外的全球大部分市场。全球 70%以上的商品种子集中在 20 个国家，其中美国排在第一位，销售额超过 130 亿美元，占 22%；中国排在第二位，销售额约 100 亿美元，占 17%。2010 年全球销售额超过 1 亿美元的种业企业有 18 家。前 5 家占全球市场份额 30%以上(图 1-1-3)。

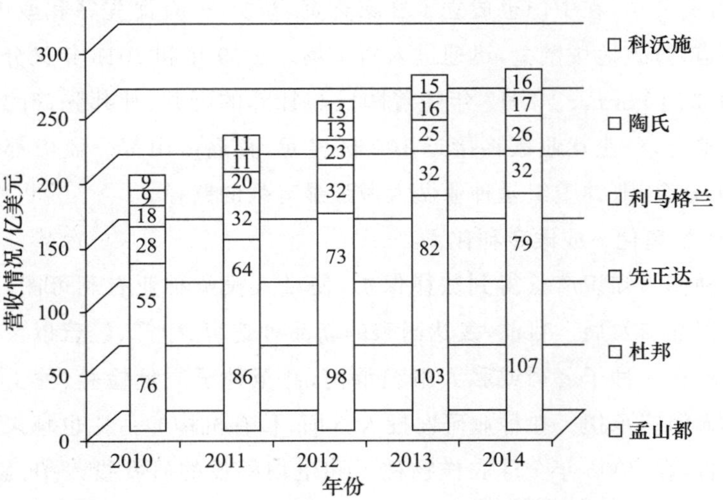

图 1-1-3　全球六大种业公司种业历年营收情况

二、现代种业的特点

近10～20年，全球种业将呈现发展高速化、扩张资本化、投资私有化、成果专利化、经营全球化、市场垄断化、产业多元化、服务综合化、技术精准化、分工精细化、作业自动化、管理信息化等趋势，种业已经由传统的种植业演变成了技术密集型、资本密集型、人才密集型、市场垄断型、经营全球化的高新技术产业。

（一）发展高速化、资本扩张化

就全球而言，种业作为一个产业的兴起，可以说是以杂交玉米的诞生为起点的，迄今已有将近100年的发展历史。随着科学研究进展和工业化进程，特别是植物杂种优势、转基因技术等的发现、发明和运用，培育出了许多高产优质的良种，并在全世界逐步发展形成了规模庞大的种子产业，目前全球的种子市场规模约500亿美元。

国际种业巨头的形成基本上是走一条借助资本收购兼并的跳跃式扩张之路，而不是仅仅依靠自身的滚雪球式发展。据报道，1981—1985年农业生物科技公司（主要为种业公司）兼并或合并的数量为167起。1991—1996年该数目迅速增长至801起，其中90%的战略联盟为行业龙头企业对新成立科技公司的收购。现在全球最大的种业公司孟山都的前身是化学工业。直到2015年年底，孟山都还在试图第3次洽谈收购世界第三的种业巨头先正达。先锋也是如此，为了抢占市场和增强市场竞争力，先锋良种国际在1970年收购了若干中小种子公司，市场份额不断扩大，其在美国玉米种子的市场份额由1973年的23.8%增长至1994年的45%，并稳居行业第一。1999年先锋被杜邦完全收购后，2008年以来，杜邦先锋进行了大规模的收购兼并和联合合作，在美国收购了7家公司，成立2家合资公司，在中国也成立了2家合资公司——登海先锋和敦煌先锋，利用合作方的销售渠道，打破地域壁垒，迅速进入新市场。2009年和2013年又分别收购了印度的Nandi和南非的Pannar。2017年随着陶氏与杜邦的合并，杜邦先锋的种子业务又将会与陶氏益农整合，种业营业额将接近100亿美元，直逼孟山都。孟山都和杜邦先锋的实践证明，资本融合、兼并重组是种业做大做强最有效的路径。

（二）投资私有化、成果专利化

植物新品种作为知识产权得到法律保护，使私人投资种业有利可图，大大促进了私营种业公司的兴起与发展。目前，发达国家的新品种选育、生产、经营以及生物技术的研究与开发主要由私人种子公司或私人组织承担，甚至种子质量检验、种子纠纷处理等中介业务也由私人组织承担。在种业研发投入方面，私有机构的占比也越来越大。根据美国农业部的报告，在2006年全球农作物种子和生物科技的研发投入中，孟山都、杜邦先锋、先正达、拜耳、陶氏益农、巴斯夫六大公司占75.6%，而在1995年它们在种子和生物科技方面的研发投入仅占全球总投入的23%。从研发取得的成果来看，私营企业更远多于公共部门。从1985年到2017年，美国批准的19 070项转基因植物田间试验申请中，有 7 485 项和 1 565 项来自孟山都和杜邦先锋，分别占 39.25%和 8.2%，来自公共部门和非营利机构的只占约 1/4。

随着美国植物专利法案（1930 年）、联邦种子法（1939 年）、植物品种保护法案（1970 年）等的颁布，很多种子公司开始增加育种投资，随之引发了多次企业兼并扩张的热潮。1930 年美国颁布植物专利法案（PPA），对无性繁殖植物品种提供了专利保护，保护期为 17 年。1952 年普通专利法案将专利权扩展到农业领域，将其定义为实用新型专利。1970 年美国颁布植物品种保护法案（PVPA），对植物新品种实行品种权保护，授予育种者以品种权并给予 18 年保护期。1946 年农业市场法案（AMA）对种子标准制定和质量认证做出要求，规定了农业部门在种子管理中的执法职责、程序以及执法部门间合作等，规范了种子管理行为。

（三）经营全球化、市场垄断化

国际种业巨头随着实力的不断增强和本国市场的有限性，不断在全球拓展市场。全球第一大种业公司孟山都在 67 个国家或地区设有分支机构，共 404 个办公场所。第二大种业公司杜邦先锋在全球 25 个国家或地区建立了 126 个育种站、200 多个研究试验中心、1 000 多个育种基地、80 多个种子加工厂、9 个质量控制中心，其客户遍及全球 100 多个国家和地区。第三大种业公司先正达的业务也遍及全球 90 个国家和地区。其他国际种业巨头几乎都是如此。作为全球第二大种业市场的中国，正吸引着跨国种业巨头抢滩登陆。目前，全球前十大种业公司已有 8 个在中国设立分支机构，全国已有 49 家持有效证照的外资种子企业。

世界前十大种业公司的种子销售收入在 1996 年仅占全球种子市场份额的 16%，而 2012 年则提高至 62%，表现出明显的市场垄断化。前 3 大公司孟山都、先锋、先正达 2012 年种子营业额达 205 亿美元，占全球种子市场份额（450 亿美元）的 45.6%。保守估计，这 3 家公司控制着全世界 65% 的玉米种子市场和 50% 的大豆种子市场；仅孟山都一家公司就控制了全球 91%的转基因种子市场。外资企业蔬菜种子已占据了我国 50%的蔬菜种子市场，占据了 80%以上的利润。可以说，少数大型种子企业垄断国际种子市场的格局已经形成。

（四）产业多元化，服务综合化

种业既是高利润的产业，也是高风险的产业。为了有效抵御种业研发和销售中的高风险，孟山都、先正达等多数大型跨国种业巨头均在产业内部拓展其他种子业务，实现多元化经营。比如孟山都，2012 年的种子营业收入为 100.1 亿美元，其中玉米种子 60.6 亿美元、大豆种子 17.6 亿美元、棉花种子 7.7 亿美元、蔬果种子 8.5 亿美元、其他种子 5.7 亿美元；玉米、大豆、棉花、蔬果均是全球第一，其他种子全球第五。再如先正达，2012 年的种子营业收入为 32.3 亿美元，其中玉米种子 13.8 亿美元、大豆种子 4.5 亿美元、蔬果种子 6.8 亿美元、其他种子 7.2 亿美元；玉米、大豆、蔬果均是全球第三，其他种子全球第二。世界种业巨头还有一个显著的特征是除了开展种子业务以外，还同时开展农化业务，孟山都、杜邦先锋、先正达、陶氏益农、拜耳等既是种业巨头，又是农化巨头。而且农化产品与种子对应，不可分割，如孟山都研发的抗除草剂种子，必须使用它研发的草甘膦除草剂。

现代农民从事作物生产，除了需求种子以外，还需要其他许多技术和服务，如植保技术、施肥技术、气象服务、机械化技术、农产品市场信息服务，甚至金融服务等综合服务。伴随着现代农业发展的需求，各大国际种业巨头的活动范围愈发向农业产业链的上下游延伸，纷纷致力于"为农民提供综合解决方案"。综合解决方案方向之一是将信息技术应用于农业领域，包括气象信息预测、病虫害信息识别、精准喷施、施肥、灌溉、土壤检测等方面的技术，通过精准农业信息系统的建立，为种植者提供更加科学高效的管理决策，从而使种植收益最大化。可以预见，不久的将来，将有种业企业为农业提供农产品市场信息和金融服务。未来的农业生产可能是，农民在生产经营上的一切需求将由种业公司牵头解决，农民成为真正意义上的"老板"。

（五）技术精准化，分工精细化

在育种理念上，跨国公司商业化育种的目标并不单纯是丰产性状指标，而是更注重强化抗病虫、抗旱等抗逆性状，以提高品种稳产性；注重农艺措施的改进，如抗除草剂、耐密植、养分高效利用等，改进品质、增加营养，使育种目标更符合农业生产和市场需求。

育种过程由"马拉松"变成了"接力赛"，由"个人全能"变成了"团体赛"。跨国种业公司建立和推行矩阵式、标准化、自动化、信息化大规模商业育种程序，拥有高素质育种研究团队，实行程序化、流水线管理机制。研发岗位和人员分工精细，衔接紧密，不论是实验室研究还是田间操作，从试验设计、实施到数据采集、分析及目标筛选等环节都高度专业化，每个岗位配有专业研发人员，软件工程师研制了先进的试验数据分析和管理软件系统，实行计算机管理，确保育种研发程序化和标准化，这既能保证极高的育种效率，又能稳定研发体系和团队，即使人员变动也不会影响研发工作进展。

生物技术成为世界各国抢占科技制高点和增强农业国际竞争力的战略重点。作物育种已经由培育新品种向创造新性状或新性状组合，由选择育种向设计育种，由传统育种技术向传统技术与分子技术、信息技术结合等方向发展。

作物育种已经步入分子技术育种的新时代。通过基因编辑技术，可以创造所需的遗传变异，精准化创造遗传变异或改良生物性状。跨国种业公司基于新一代的高通量测序、分析技术，开发出与作物重要农艺性状、产量和抗病抗逆等数量性状紧密连锁的标记，构建了庞大的分子信息数据库；依靠精密设施设备和长期的基础积累，记录了包括光学、近红外、X 射线在内的作物表观特征数据，形成了庞大的表型数据库；在发展生物信息学基础上，构建了表型数据和分子数据的有效衔接，架起了种质基因资源信息和庞大的表型数据的桥梁，建立起常规育种与生物育种相结合的技术手段，大幅度提高了育种效率，使育种工作实现了由"经验"向"科学"的根本性转变。

高通量植物表型（HTPP）是一种未来化“精准农业”技术，它是遗传学、传感器以及机器人的结合体。它可被用于研发新的作物品种，或提高作物营养含量、抗旱以及抗病虫害的能力。HTPP 技术采用多个传感器测量植物的重要物理数据，比如高度、叶片数量、大小、形状、角度、颜色、枯萎程度、茎厚、结果数量等。这些都属于表型特征，也是植物遗传代码的物理表达。科学家可以将这些数据与特定植物的已知遗传数据对比。再加上传感器，科学家可以非常迅速地获得成千上万种植物的表型特征，育种学家和遗传学家可据此决定哪些品种将被排除，哪些可进一步测试，这将大大加速农作物改良的进程。

（六）作业自动化，管理信息化

种业研发过去主要依靠人工劳作，而现在无论是实验室操作还是田间作业，跨国种业公司都设计和采用各种现代自动化控制的分析仪器和机械设备，极大地提高了育种试验规模和研发效率。如孟山都的种子切片技术、先锋的激光辅助选择、油菜半粒法脂肪酸测定技术以及广泛应用的分子技术辅助选择等。无论是实验室操作还是田间作业，跨国公司都设计和采用各种现代自动化控制的分析仪器和机械设备，极大地提高了育种试验规模和研发效率。孟山都 SNP 分子标记实验室，从籽粒激光切削取样到 DNA 提取、引物加注、PCR 扩增、生物信息读取、目标样品选择等实现了全程自动化，实验室内全部由机器人操控，每天可完成数百万个样品分子标记测试和海量信息采集分析任务，实现了大规模、高通量、全自动基因型分析鉴定和筛选。先正达育种研发基地，自行设计改装的玉米田间小区收获测产设备，每台每小时收获 500 个试验小区，并准确获取产量等数据，可保证该基地 23 万个小区在 10 多天内及时收获。基于分子特征原理建立起来的同工酶、PCR（聚合酶链式反应）、SNP（单核苷酸多态性）等技术，已能准确、快速、低成本、高通量地检测品种真实性。

在农业信息化领域，杜邦的发展亦走在前列，其主要的服务模式为：

（1）利用公司的农田决策方案系统和先锋农场 360°服务平台向农户推广和提供相关产业信息服务，提高农户保有率及客户对于公司产品的黏性，同时利用客户的反馈数据提升公司种业管理能力和服务能力。

（2）构建以“先锋—信息系统网络—经销商及零售商—普通农户”工作网络为核心的“农户管理信息化服务平台”，及时了解农户需求并进行大数据分析，从而更有针对性地进行渠道扩张，提高物流效率，将种业销售由以产品为导向的模式转变为以农户需求为导向的模式。

三、未来种业的发展趋势

（一）企业并购、种业整合，繁推一体化

20 世纪上半叶，随着知识产权保护在作物育种领域的不断延伸，作物育种研究逐步

向私人部门开放，为种子产业的商业化发展埋下伏笔。一些实力较强的玉米种子公司，开始组建属于自己的研究与育种机构；另有部分企业则通过兼并中小型公司进入作物育种研究领域。随后世界种业出现了三次并购的大浪潮。

第一次浪潮是1997—2000年，持续时间约三年，主要特征是生物技术“入侵”种业。从1997年起，孟山都公司陆续发力，先后并购了迪卡、嘉吉的北美部分、Holdens、Asgrow、Hartz等主要玉米和大豆公司。孟山都公司的并购势头非常猛，对传统种业和农化公司造成了巨大的冲击，杜邦公司在这种形势下急起直追，从1998年开始与先锋公司谈判并购事宜，结果一拍即合。看到孟山都和杜邦开展并购，先正达也在1999年开始加入战团，陆续进行了一些小规模的并购。

第二次浪潮是2004—2008年，农化集团开始全面并购种业公司，特别是有生物技术能力的种业公司。孟山都并购了美国的岱字棉和圣尼斯蔬菜种子公司，杜邦也做了小规模的并购，先正达完成了其另外一半的并购，拜耳、巴斯夫和陶氏分别做了一些生物技术和种子公司的并购。世界种业形成了以农化集团为基础的六大集团——孟山都、杜邦、先正达、拜耳、陶氏、巴斯夫，此外还有两个独立的种子公司，即德国的KWS和法国的利马格兰。

第三次浪潮是2016—2017年，种业集团的超级并购。2017年8月底，陶氏化学和杜邦公司完成了合并交易，组成了名为“陶氏杜邦”的全球性新公司，合并后的公司年度销售额达到770亿美元，股票市值超过1 500亿美元，雇员达到10万人。2017年6月，中国化工集团公司宣布完成对先正达的收购，先正达的总部仍设在瑞士巴塞尔。2016年5月，拜耳宣布收购孟山都，2018年6月7日，在获得全部监管批准后，德国拜耳公司以625亿美元完成收购美国孟山都公司，合并后的公司将占据约28%的全球农用化学品市场、约36%的美国玉米种子市场和28%的大豆种子市场。

三次全球化并购浪潮的实质是以生物技术为核心，以资本为推动的全球农业资源的整合，最终形成了如今寡头垄断竞争的格局。

（二）构建“农资一体化”“农机一体化”种业企业

国际种业“农资一体化”的趋势特别明显，未来种业企业发展方向可能不再是单纯的种子市场与经营。如孟山都搭建了以“种业＋农药”为核心，集农资一体化、种业信息化于一体的种业发展综合服务平台。平台特点是：在农资产业链横向方向上，明确种业中心地位，提供种子、农药等多元化农资产品；在纵向方向上，从上游研发环节入手，延伸至中游产品生产和下游推广销售，形成产供销的全环节控制。在信息化拓展服务方面，公司通过开发农业生产应用程序，利用大数据，构建农业生产数据处理平台，为客户提供市场信息、天气预报预警、农业咨询等服务，利用现代农业信息技术，向精准农业拓展，提高生产效率。同时推进种业业务整合，加强育种研发和市场推广，向客户提供资金、信贷、农业技术等农资配套服务，发挥协同效应。

（三）突出科研育种，加强销售环节

借鉴国际经验，要做大做强种业，企业必须拥有自己的研发团队，这样企业才能在育种方向、企业发展方向上拥有自主权。但这样的企业必须有足够的资金实力，企业不仅要依靠自身研发人员，还要与各地科研院所、大学、公司等机构建立合作关系，吸引部分科研人员实质性进入企业工作，加大研究创新力度，发挥协同效应，分散技术风险，通过优质品种、优质品牌、一体化、信息化服务等多种方式，加强产品营销。

（四）加强种子认证制度建设与知识产权保护

新育成的品种在推广后不久就会出现混杂或退化现象。为了保持品种原有的特征特性，发挥其增产作用，各国纷纷建立种子认证制度。近百年的种子认证实践证明了种子认证对推动种子产业化和农业持续发展做出了巨大的贡献，种子认证成为质量控制和营销的主要手段之一，也是种子产业中所推行的最成功的制度之一，连同种子检验、种子立法、品种保护构筑了种子宏观管理的核心。

第三节　现代生物技术在种业中的应用

生物技术，也称生物工程，是指人们在现代生命科学和其他基础科学的基础上，运用先进的技术手段来改造生物体或者加工生物原料从而生产出人类所需产品的科学技术体系。其在农业方面主要是指运用基因工程、蛋白质工程、细胞工程以及分子育种等技术，改良生物品种性状，培育生物新品种，生产生物农药等的新技术。在农业品种培育方面，生物技术的应用主要在细胞工程、分子标记辅助选择和转基因三个方面（表 1-1-1）。

表 1-1-1　目前全球种业育种技术比较

技术		优势	不足	应用现状
常规技术	诱变育种	促进一些基因表达发生变化，从而改变植物材料的性状	易出现非预期结果	已较少使用
	杂交	杂交优势，获得高产早熟等优良性状。农民无法育种，因为直接用 F_1 的种子种植下一代，得到的作物会发生性状分离，大田表现不及 F_1	育种进程慢，一般培育一个一年生作物新品种需要 5～8 年的时间；易出现非预期结果；可供利用的基因资源较窄，受生殖隔离限制	国内种子公司普遍利用该技术生产水稻和玉米种子
生物技术	转基因	能够比较快速地获得新品种。可供利用的基因资源广，不受生殖隔离限制，与传统育种比较，易获得多目标性状的聚合	受政府的相关政策及法规限制	多种性状（抗虫、抗除草剂等），多种作物（玉米、大豆、棉花、油菜、土豆等）

续表1-1-1

技术		优势	不足	应用现状
生物技术	分子标记育种	可实现精确育种；绕开转基因争议，不受转基因相关法规的约束；帮助育种专家将注意力从农民和食品经销商的需求转向消费者所看重的食品质量	需要大量时间和经费开发分子标记，部分分子标记已经被少数公司申请专利并保护。如果需要的性状来自不可杂交的材料，则无法运用该技术获取所需品种；只对存在于同一物种中的性状有效，如果需要的性状只存在于远缘物种，则无法运用该技术获取所需品种	2010年先正达推出的抗旱育种种子 Agrisure，就是利用分子标记育种技术研发的；2013年，隆平等14家公司成立了水稻分子育种平台——华智；垦丰等9家公司合资成立了玉米分子育种平台——中玉金标记
	单倍体育种（玉米）	可快速获得玉米自交系，大大缩短自交系的选育时间，常规育种一般要经过6～7代（3～4年时间），而利用单倍体技术只需要2代（1年时间）就可得自交系；可淘汰有害的、致死和半致死的隐性基因	技术复杂，成本高；不能有效打破不良基因的连锁，基因间的重组概率较低，单倍体的诱导频率不高	登海种业已建设单倍体育种技术平台，每年获得自交系800个；北京农林科学院通过该技术获得22个审定品种，其中京科665等3个品种通过国家审定
	SPT技术	解决细胞核雄性不育的繁殖问题；借助胚乳颜色和荧光（转基因种子为红色，非转基因为正常颜色）实现机械分选；不育系和最终商业化的杂交种排除了转基因成分	中间环节仍将受转基因相关法规的约束；实际分离效果不达预期；对产量性状的优化无直接作用	先锋已有利于该技术的玉米种子进入商业化生产，神农基因正在研究相关水稻种子
	基因编码技术	不会引入外来基因；可精确的切除、插入或置换几个碱基	可能出现脱靶现象；相关监管政策尚未定论	中国已利用该技术研发了抗白粉病小麦和带有香味的水稻，但仅限于实验室研究。2015年，基因标记油菜在美国商业化，杜邦先锋计划在2021年推出基因编辑玉米

一、细胞工程在种业上的应用

细胞工程是生物技术的一个重要方面，主要包括细胞和组织培养、细胞融合、染色体及基因转移等方面。细胞培养技术在农业生产上的应用非常广泛。通过花药离体培养培育成的单倍体植株，经染色体加倍，可重新恢复成正常的二倍体植株，这些植株的基因是纯合的，自交后代基因不分离，显著缩短了育种年限，在育种上有很大的应用价值，培育成功的植物很多，如水稻品种中花 8、9、10、11 号，小麦品种京花 1 号等，这些新品种展现出了较大的增产潜力。通常情况下，生物体的细胞融合发生在受精过程中，即雌雄配子体融合而形成合子。但在植物与其远缘种或没有亲缘关系的植物间，很难发生生殖细胞的融合。通过体细胞融合(杂交)技术就可以打破这种生殖隔离，突破种属间的限制，克服远缘杂交不亲和的障碍。体细胞融合(杂交)有助于将野生种中的优异性状(基因)转移到栽培种中，如通过大豆与野生豆的原生质体融合，将抗花叶病毒基因从野生豆转移到大豆中；小麦体细胞杂交技术使小麦属间植物(高冰草、簇毛麦、新麦草和羊草)的抗病、耐逆等优良性状基因转移到小麦中。山东大学夏光敏团队，利用小麦体细胞杂交的方法，研制了珍贵的小麦渐渗系，并且培育出了耐盐、抗旱的小麦新品种“山融 3 号”。可以说，细胞工程作为育种的重要手段，已经为作物育种和生产的发展做出了重要贡献。

二、分子标记辅助选择在种业上的应用

分子标记辅助选择是在作物改良过程中利用分子标记进行选择的一种辅助手段。其基本原理是借助于与目标基因紧密连锁的分子标记对选择个体进行目标区域以及全基因组筛选，加速回交育种进程，克服不利连锁累赘，获得期望的个体，达到提高育种效率的目的。和传统育种相比，分子标记辅助选择育种技术不受环境影响，可以在早代进行准确、稳定的选择，可以克服再度利用隐性基因时识别难的问题，并能实现多性状(基因)的聚合，大大缩短了育种周期，提高了育种的效率。有研究结果显示，利用 100 个 RFLP 标记，一个个体数为 100 的回交后代群体，通过 3 代选择就可以使后代的基因型回复到轮回亲本的 99.2%；如果通过随机挑选，则需要选择 7 代。国际水稻所的科研人员通过 MAS 将分别含有抗稻瘟病基因 *Pi 1*、*Piz-5*、*Pita* 的近等基因系进行杂交和选择，实现了 3 个抗稻瘟病基因的快速聚合，体现了 MAS 在多基因聚合方面的巨大优越性。由于分子标记辅助育种相比传统育种具有准确、快速等显著优点，所以在小麦、水稻、玉米等作物新品种的培育中得到了广泛的应用。

分子标记辅助育种的发展大体经历了下面几个过程：遗传图谱构建，QTL 定位，分子标记辅助选择(MAS)，全基因组关联分析(GWAS)，全基因组选择(GWS)。随着测序成本的降低和大数据时代的到来，全基因组选择将是分子标记辅助选择育种发展的重要方向。全基因组选择是利用对基因组中所有 SNP 分子标记效应的估计，来实现与其紧密连锁的基因效应的估计，从而计算基因组育种值。与分子标记辅助选择(MAS)相比，全基因组选择是基于基因组中所有影响性状的分子标记效应的估计，而不仅仅是一组显著的标记，大大提高了预测的准确性，在遗传改良育种方面具有很大的应用潜力。目前，全基因组选择研究已应用于贝类、牛、猪、玉米、小麦等动植物育种中，相信在不久的将来，全基因组选择研究将成为全球研究的热点。

三、转基因在种业上的应用

转基因技术就是将人工分离或修饰过的基因导入生物体的基因组中，通过导入基因的表达引起对生物体性状可遗传性的修饰，这一技术称为转基因技术，也被称为遗传工程、基因工程、遗传转化。目前植物的遗传转化主要有 3 种方法，即基因枪法、农杆菌介导法和花粉管导入法。基因枪法就是将带有外源 DNA 的金属颗粒，高压下以一定速度射进受体细胞，整合到细胞中的染色体上而完成转化。农杆菌介导法的原理是，农杆菌感染植物时其质粒上的 T-DNA 会整合到植物的基因组中，将目的基因插入农杆菌的 T-DNA，就可以利用农杆菌感染植物实现目的基因向植物的转移。花粉管导入法是利用作物的雌蕊在授粉后形成的花粉管通道将含外源基因的 DNA 溶液注射到胚囊内，使其随着受精卵的不断分裂整合到受体基因组中，从而实现遗传转化的目的。

转基因技术与传统育种技术在本质上是一样的，都是利用优良基因对作物进行遗传改良。例如，传统的杂交育种实际上也是亲本间基因重组、重排和转移的过程，其本质上也是优良基因的重组和外源基因导入的过程。另外，航天育种、自然突变育种、人工诱变育种等本质上也是对基因的改变。和传统育种技术相比，转基因育种能够打破种间的生殖隔离，从而不受生物体间亲缘关系的限制，使优异基因资源的利用更加灵活、高效。另外，和传统杂交选择相比，转基因育种技术所转移的基因一般都经过明确的定义，功能清楚，对某个基因进行准确的操作和选择，对后代的表型预见性也更强，更加高效。

1983 年世界上出现了第一例转基因植物——转基因烟草，1986 年转基因植物被首次批准进入田间试验，1994 年首例转基因植物产品(转基因耐储藏番茄)在美国被批准投入市场。1996 年商业化以后，全球转基因作物的种植面积迅速增长，到 2014 年，全球转基因作物的种植面积达到 1.815 亿 hm^2，比 1996 年的种植面积增加了 100 多倍。可以说转基因作物的发展对世界粮食安全和农业的可持续发展做出了巨大的贡献。从 1996 年至 2014 年，通过转基因作物的种植，使全球作物产量提高了 22%，增加的作物产量的价值为 1 333 亿美元，农民利润增加了 68%，化学农药的使用率降低了 37%，化学农药使用量的减少更好地维护了环境。我国转基因技术的研究始于 20 世纪 80 年代，目前，我国的转基因技术主要用于棉花育种中，转基因抗虫棉品种覆盖了 90%以上的棉田，不仅提高了棉花的产量，化学农药的使用量也大大减少，带来了经济和生态上的双重效益。转基因棉花的问世从某种意义上来说挽救了棉花产业及其下游加工产业，带来的社会效益巨大。

入职培训专题二
种业员工个人职业生涯发展规划

第一节　种业公司人力资源

一、人力资源管理的概念

人力资源管理是指一个组织为了实现自己的目标，在自己战略的指导下，运用科学、系统的技术和方法，为人力资源的获取、保留、开发、激励而进行的一系列管理行为。它是以人的价值观为中心，为处理人与工作、人与人、人与组织的互动关系而开展的一系列开发与管理活动。

二、种业人力资源管理的特点

种子行业具有科技含量高、品种周期长、风险大、价格弹性低的特点，行业的特点及行业的发展背景，决定了种子行业人力资源管理的特点。

按照种业公司的科研培育、生产加工、销售和技术服务的运作规律，将我国种业公司从业人员分为科研人员、繁育人员、生产加工人员、销售人员和管理人员五类人群。

1.科研人员

拥有高学历，热爱科研，专注集中。

2.繁育人员

甘于吃苦，乐于奉献，知识面广，既懂繁育理论又通大田操作，既知气象又会沟通。

3.生产加工人员

熟知生产工艺操作，精通种子加工要求，掌握包衣包装标准。

4.各销售人员

熟悉品种特性,能够把握销售地区市场,熟悉消费心理,畅通沟通渠道。

5.管理人员

熟悉农业管理,了解农村环境,具备管理理论知识,善于把握管理关键环节。

三、种子企业常用人力资源管理方法

(一)激励

用各种有效的方法来调动员工的积极性、创造性,激发员工的活力,使员工保持旺盛的工作状态,便于实现企业目标。当员工在工作中有突出的业绩时,只给予物质激励,不给予职位、权利、地位的精神激励,久而久之,也会严重挫伤其积极性。对于关键人才,更应周全考虑激励方式,恰到好处地使用两种激励方式,留住员工其人,更留住其心。员工只有最大限度地分享到企业成长所带来的好处,才能真正关心企业,才能与企业同呼吸、共命运、心连心,真正树立起积极工作的价值观。

(二)员工培训

人才的培训战略主要针对员工能力的培训、技能的培训、潜能的挖掘和提高上,以适应未来的挑战。培训战略包括培训目标的确定、培训内容的选择、培训方式的确定、培训计划的实施和培训效果的评估等。人才开发战略根据公司总体战略对未来中长期企业发展所需的人才类型、素质、数量、结构等做出总体规划,选择开发的方式、明确实施计划,确立组织实施和评价制度等。

人才的培训与开发战略的制定和实施,必须按照一定的程序,并且有组织、有计划地实施,定期加以检查,以保证开发培训战略的科学、有效。完善培训需求分析系统,有计划地进行培训需求调查,使学用保持一致。培训内容设计符合员工成长规律,要让员工参与培训内容的设计,实施培训应当循序渐进,加大相关法规培训。

安排各个部门自行总结本部门的工作特色,有计划地安排各个部门进行交流学习,内容不限,可以涉及管理方法创新、技术新突破、工作新体会、学习新收获、考察新感悟等方面,形式可以多样,如汇报、提问、讨论、参观、演示等,学习结束后,安排员工谈谈学习体会、学习收获。

(三)绩效考核

绩效考核作为评价员工工作的手段,应发挥其积极作用,使用精细化管理理念,确定合理指标,做好考核培训,建立优胜劣汰的内部竞争机制,开展竞争上岗,推行岗上竞争,加强绩效评定、面谈和绩效考核结果的应用。

成立薪绩委员会,由总经理直接领导,主要职责是负责公司的绩效管理、薪酬管理。人员组成包括总经理、副总经理、人力资源经理、一名员工代表。保证员工深入理解绩效管理,消除各种误解和抵触情绪,打开员工的心扉,让员工支持绩效考核。对生产、加工、营销人员的考核侧重定量指标，对管理人员的考核侧重关键业绩指标，确定适当调整系数。用量化指标，消除各种特殊情况，减少人为因素。考核结束后，由薪绩委员会及时反馈给员工，以便找到差距，调整员工行为，达到考核目的。并将其应用于人力资源管理的计划、招聘、甄选、薪酬、晋升、配置、辞退等各项人力资源决策之中，帮助员工在现职岗位上提高业绩、加强员工的学习和开发以及为员工的职业生涯规划提供建议。

（四）争议处理

劳动争议处理的程序包括调解、仲裁和诉讼。在公司内设立劳动争议调解委员会，劳动争议调解委员会由职工代表、企业行政代表和企业工会代表组成。劳动争议调解委员会主任由工会代表担任。劳动争议经调解达成协议的，当事人应当履行。

在离职面谈过程中，即将离职的员工会与其直接上级和人力资源专家讨论自己离职的原因。代表公司参加面谈的人员应该以开放性和概括性的问题作为提问的切入点，给员工提供一个表达的机会，让他们说出导致他们对工作不满意的原因，以便将来有针对性地加以改善人力资源管理工作，防止更多的员工出于同样的原因离开企业。

第二节　种业员工职业生涯设计

一、职业生涯设计

职业生涯设计就是在个体对内在心理特征和外在环境条件进行评定、分析、研究的基础上，为其设定明确的长期职业发展目标，并制定相应的发展步骤和具体活动规划。

职业生涯设计的目的不仅是协助个体找到工作，还应帮助个体真正了解自己，并结合社会环境等外部因素确定职业发展方向，拟定可行的职业发展规划，以实现个体人生价值的最大化。

二、职业生涯设计的任务

1.确立职业发展的目标和方向

目标既代表着个体的理想追求，也指引着个体行动的方向，因此，设定具体可行的职业发展目标不仅是职业生涯设计的首要任务，也是最关键和最核心的任务。理想的职业发展目标不仅应该符合个体的性格、兴趣，而且应该具有一定的挑战性。首先，要运用各种方法，包括测评手段，了解自己的能力、性格和兴趣偏好，然后积极地思考外部环境和职业发展资源，最后为自己设定一个具体的发展目标。

2.制定职业发展策略

确定目标之后，接着就要考虑如何达成目标。制定职业发展策略大致有这三类方式：

(1)一步到位型　针对在现有条件下可以达成的职业目标,动用现有资源很快实现。比如,希望做公司行政管理人员,就通过参加公司招聘考试一步到位。

(2)多步趋近型　对于那些目前无法实现的目标,先选择一个与目标相对接近的职业,然后逐步趋近,以达成自己的理想目标。

(3)从业期待型　在自己无法实现理想目标,也没有相近的职业可以选择的情况下,先选择一个职业投入工作,等待机会,以实现自己的理想目标。

3.职业生涯发展途径

设计可行的职业发展路径是实现理想目标的必要条件,职业发展路径需要贯穿人的一生。在生活中,每个人都会面临很多选择,必须思考每种可能的发展道路,包括可能达成的目标、遇到的困难、外界的评价、所需的帮助等(表 1-2-1)。

表 1-2-1　几种典型的职业生涯路线

类型	典型特征	成功标准	典型职业通路
技术型	职业选择时,主要注意力是工作的实际技术或职能内容。即使提升,也不愿到全面管理的位置,而只愿在技术职能区提升	在本技术区达到最高管理位置,保持自己的技术优势	技术员—片区主管—片区经理—生产副总—总经理
管理型	能在信息不全的情况下,分析解决问题,善于影响、监督、率领、操纵、控制组织成员,善于使用权力	管理越来越多的下级,承担的责任越来越大,独立性越来越强	加工厂工人—生产组组长—生产线经理—部门经理—行政副总—总经理
稳定型	依赖组织,怕被解雇,倾向于按组织要求行事,没有太大抱负,考虑退休金	一种稳定、安全、氛围良好的家庭、工作环境	初级技术员—中级技术员—高级技术员
创造型	要求有自主权、有管理才能、能施展自己的特殊才能、喜好冒险、力求新的东西、经常转换职业	能建立或创造某种东西	无典型职业通路,极易变换职业或干脆自己创业

入职培训专题三

种业财务管理

第一节 财务基础

财务管理是种子企业经营管理的一个重要方面，公司财务部对财务管理工作负有组织、实施、检查的责任，财会人员要认真执行会计法，坚决按财务制度办事，并严守公司秘密。

一、财务基础

(1)短期投资　是指一年内能够并准备变现的投资，短期投资必须在公司授权范围内进行，按现行财务制度规定记账、核算收入成本和损益。

(2)长期投资　是指不准备在一年内变现的投资，分为股权投资和债权投资。

(3)无形资产　指被公司长期使用而没有实物形态的资产，包括专利权、土地使用权、商誉等。无形资产按实际成本入账，在受益期内或有效期内按不短于10年的期限摊销。

(4)递延资产　是不能全部计入当期损益，需要在以后年度内分期摊销的各项费用，包括开办费，租入固定资产的改良支出和摊销期限超过一年、金额较大的修理费支出。开办费自营业之日起，分期摊入成本，分摊期不短于5年，以经营租入的固定资产改良支出，在有效租赁期内分期摊销。

(5)营业收入　包括种子销售收入、其他营业收入、营业外收入等。营业收入要严格按照权责发生制原则确认，并认真核实、正确反映，以保证公司损益的真实性。

二、资产管理

有下列情况之一的资产应纳入固定资产进行核算:①使用期限在一年以上的建筑物、机器、机械、运输工具和其他与经营有关的设备等;②不属于经营主要设备的物品,单位价值在 2 000 元以上,并且使用期限超过 2 年的。

固定资产要做到有账、有卡,账实相符。财务部负责固定资产的价值核算与管理,综合管理部负责实物的记录、保管和卡片登记工作,财务部应建立固定资产明细账。

三、成本费用管理

成本费用开支范围包括:生产成本、销售费用、管理费用、财务费用、营业外支出等。

(1)财务费用　指支付以负债形式筹集的资金成本支出,包括利息支出等。

(2)销售费用包括　职工工资、职工福利费、医药费、职工教育经费、工会经费、住房公积金、保险费、固定资产折旧费、摊销费、修理费、管理费、通信费、交通费、招待费、差旅费、车辆使用费、报刊费、会议费、办公费、劳务费、董事会费、奖励费、各种准备金等其他费用。

(3)固定资产折旧费　指公司根据固定资产原值和国家规定的固定资产分类折旧率计算摊销的费用。

(4)摊销费　指递延资产的摊销费用,分摊期不短于 5 年。

(5)各种准备金　各种准备金包括投资风险准备金和坏账准备金。投资风险准备金按年末长期投资余额的 1%实行差额提取,坏账准备金按年末应收账款余额的 1%提取。

(6)管理费用包括　物业管理费、水电费、职工工作餐费、取暖降温费、全勤奖励费等其他费用。

职工福利费按工资总额 14%计提,工会经费按工资总额 2%计提,教育经费按工资总额 3%计提。

第二节　一般财务流程

一、借支管理规定及借支流程

(一)出差借款

出差人员凭审批后的“出差申请表”按批准额度办理借款,出差返回 5 个工作日内办理报销还款手续。其他临时借款,如业务费、周转金等,借款人员应及时报账,除周转金外,其他借款原则上不允许跨月借支。各项借款金额超过 5 000 元应提前一天通知财务部备款。

（二）借款销账规定

(1)借款销账时应以借款申请单为依据，据实报销，超出申请单范围使用的，须经主管领导批准，否则财务人员有权拒绝销账。

(2)借领支票者原则上应在5个工作日内办理销账手续。

(3)借款未还者原则上不得再次借款，逾期未还借支者转为个人借款从工资中扣回。

（三）借款一般流程

(1)借款人按规定填写“借款单”，注明借款事由、借款金额(大小写须完全一致，不得涂改)、需要支票或现金。

(2)审批流程：主管部门经理审核签字→财务经理复核→总经理审批。

(3)财务付款：凭审批后的借款单到财务部办理领款手续。

二、日常费用报销制度及流程

日常费用主要包括差旅费、电话费、交通费、办公费、低值易耗品及备品备件、业务招待费、培训费、资料费等。在一个预算期间内，各项费用的累计支出原则上不得超出预算。

（一）费用报销的一般规定

(1)报销人必须取得相应的合法票据，且发票背面有经办人签名。

(2)填写报销单应注意，根据费用性质填写对应单据；严格按单据要求项目认真填写，注明附件张数；金额大小写须完全一致(不得涂改)；简述费用内容或事由。

(3)按规定的审批程序报批。

(4)报销金额在5 000元以上，需提前一天通知财务部以便备款。

（二）费用报销的一般流程

报销人整理报销单据并填写对应费用报销单→须办理申请的应附批准后的申请单→部门经理审核签字→财务部门复核→总经理审批→到出纳处报销。

The second part
The second part

第二部分

认识岗位

The second part
The second part

入职培训专题四
种子繁育员岗位

根据农作物种子繁育员岗位工作内容及对关键技术、能力的要求，学徒期间，由企业师傅带领学徒重点学习、掌握农作物种子繁育工作过程中制种基地落实、合同签订、亲本种子发放、播种作业管理、种子生产田田间管理、去杂去劣、去雄、种子收获等关键技术。

一、职业能力

（一）落实制种基地、签订制种合同

1.技能名称

签订合同技能。

2.综合职业能力(技术)要求

根据作物(品种)生长发育特点，结合公司与制种基地实际情况，选择、落实制种基地，按要求签订制种合同。

3.技能与技术标准

(1)制种基地选择、落实。基地选择符合作物(品种)对光、热、水肥等的要求，制种农户具备种子生产能力(经验)。

(2)合同签订内容准确无误。

（二）亲本种子发放

1.技能名称

亲本种子发放技能。

2.综合职业能力(技术)要求

按照作物制种技术规程，按要求领取、发放亲本种子。

3.技能与技术标准

(1)能根据制种规程及制种合同签订情况准确计算、领取杂交制种父、母本种子。

(2)按照公司要求完成种子封样、发放,发放过程中无种子流失、浪费与混杂。

(三)播种作业管理

1.技能名称

播种作业管理技能。

2.综合职业能力(技术)要求

按制种规程完成制种田播前整地、质量检查,并及时组织制种农户完成父、母本的错期播种。

3.技能与技术标准

(1)播前整地及质量检查。

(2)播种　按照制种规程要求,及时播种,无错行、漏行(播)、交叉、混杂,株距适合,播种深浅一致,镇压确实,确保苗齐苗壮。

(3)播种作业质量检查　能独立完成播种质量的检查,并进行登记。

(四)种子生产田田间管理

1.技能名称

种子生产田田间管理技能。

2.综合职业能力(技术)要求

按要求完成出苗率检查、间定苗及去杂去劣工作,指导农户及时开展水肥管理、中耕等田间管理工作。

3.技能与技术标准

(1)出苗质量检查　及时开展查苗工作,能及时处理出苗不齐等问题。

(2)间定苗工作　能指导、组织制种农户及时开展间定苗工作,并能准确识别杂株,能指导农户结合间定苗及时去杂去劣。

(3)水肥管理　根据苗情适时开展浇水、施肥及中耕等工作,并填写记录单。

(五)去杂去劣

1.技能名称

去杂去劣技能。

2.综合职业能力(技术)要求

根据种子企业种子繁育员职业岗位要求及企业工作实际,规范操作,达到种子繁育员对杂株识别及去杂质量检查的职业岗位的任职要求,对制种户去杂质量做出准确判断。

3.技能与技术标准

(1)制种田各时期杂株识别。

(2)制种杂株去除。

(3)制种去杂情况检查。

(4)去杂质量检查结果。

(六)花期预测及调控

1.技能名称

花期预测及调控技能。

2.综合职业能力(技术)要求

根据种子企业种子繁育员职业岗位要求及企业工作实际,规范操作,达到种子繁育员对玉米制种父、母本花期预测及花期调节的职业岗位的任职要求,对玉米制种田的父、母本花期做出准确判断。

3.技能与技术标准

(1)父、母本选择　能够根据要求准确选择父、母本,所选父、母本具有代表性。

(2)剥出父、母本未出叶　能够准确剥出父、母本未出叶片数,未出叶片完整,雄穗完好,记录准确。

(3)父、母本未出叶片数的统计及预测父、母本花期　准确统计父、母本未出叶的平均数,准确判断父、母本的花期相遇情况。

(4)根据预测结果,选择合适的父、母本花期调节方法　根据预测结果,父、母本花期调节方法正确。

(七)病虫害识别与防治

1.技能名称

病虫害识别与防治技能。

2.综合职业能力(技术)要求

根据农作物种子生产企业职业岗位要求及企业工作实际,合理实施,达到农作物繁育员职业岗位的任职要求,对常见农作物生产的有害生物采取有效的控制措施。

3.技能与技术标准

(1)常见识别害虫　能够准确描述作物受害症状特点,准确识别为害昆虫。

(2)常见病害识别　能够准确识别作物常见病害,并正确判断病害类型。

(3)病虫害田间调查　①拟定田间调查计划;②设计田间调查表格;③确定田间取样点;④实施田间调查并正确记录;⑤田间调查数据整理与分析;⑥撰写田间调查报告。

(4)农药稀释配制与使用　①选取正确的农药;②药械检查;③正确称量农药,准备配制;④田间施药,均匀周到;⑤施药后正确清洗施药工具;⑥田间药效检查与分析。

(八)种子收获

1.技能名称

种子收获技能。

2.综合职业能力(技术)要求

根据农作物种子生产企业职业岗位要求、企业工作实际及种子繁育员工作岗位要求,完成种子收获学习产出目标,达到农作物繁育员职业岗位的任职要求。

3.技能与技术标准

(1)确定适宜的采收时间　能准确判断制种玉米采收时间,并组织农户及时采收。

(2)进行穗检　在果穗烘干设备上,根据品种特征进行穗检,填写检验记录单。

(3)及时脱粒、清选　采用风选、筛选综合清选,最大化保证清洗效果。

(九)种子加工、包装

1.技能名称

种子加工、包装技能。

2.综合职业能力(技术)要求

根据农作物种子生产企业职业岗位要求、企业工作实际及种子繁育员工作岗位要求,完成种子加工、包装学习产出目标,达到农作物繁育员职业岗位的任职要求。

3.技能与技术标准

(1)种子精选　能操作种子精选机械,并进行调试,完成种子精选工作。

(2)种子包装　根据公司要求,进行定级、包装,保证包装期间种子质量。

二、需要完成的岗位工作任务

(1)农作物种子生产技术指导,具体内容包括:种子生产基地落实、亲本种子发放、制种规程落实及田间管理技术指导与督查、种子质量控制、种子收获。

(2)农作物种子加工、贮藏,具体内容包括:种子脱粒、清选、精选、包衣、包装及贮藏管理。

(3)农作物种子质量检验,具体内容包括:农作物种子净度、纯度、水分、发芽率等必检项目的检验,检验报告单的撰写等。

(4)农作物种子销售,具体内容包括:种子营销渠道的建立与维护、促销、新品种推广与技术服务等。

(5)农作物病虫害防治,具体内容包括:常见农作物病虫草害的识别、预测预报与科学防治。

入职培训专题五

种子企业技术设备与安全生产

第一节　种子企业条件要求

一、基本设施

生产经营主要农作物常规种子的企业，具有办公室 150 m^2 以上、检验室 100 m^2 以上、加工厂房 500 m^2 以上、仓库 500 m^2 以上的工作场所；生产经营非主要农作物种子的企业，具有办公室 100 m^2 以上、检验室 50 m^2 以上、加工厂房 100 m^2 以上、仓库 100 m^2 以上的工作场所。

从事主要农作物杂交种子及其亲本种子生产的企业：具有办公室 200 m^2 以上、检验室 150 m^2 以上、加工厂房 500 m^2 以上、仓库 500 m^2 以上的工作场所。

二、检验仪器

具有满足种子质量常规检测需要的净度分析台、电子秤、样品粉碎机、烘箱、生物显微镜、电子天平、扦样器、分样器、发芽箱等检验仪器。

从事主要农作物杂交种子及其亲本种子生产的企业还需要能够开展种子水分、净度、纯度、发芽率四项指标检测及品种分子鉴定，具有 PCR 扩增仪及产物检测配套设备、酸度计、高压灭菌锅、磁力搅拌器、恒温水浴锅、高速冷冻离心机、成套移液器等仪器设备。

三、加工设备

具有与其规模相适应的种子加工、包装等设备。

生产经营主要农作物常规种子的企业，具有成套的种子加工设备；生产经营常规小麦种子的企业，具有总加工能力 10 t/h 以上的成套设备；生产经营常规稻种子的企业，具有总加工能力 5 t/h 以上的成套设备；生产经营常规大豆种子的企业，具有总加工能力 3 t/h 以上的成套设备；生产经营常规棉花种子的企业，具有总加工能力 1 t/h 以上的成套设备。

生产经营杂交玉米种子的企业，具有总加工能力 10 t/h 以上的成套设备；生产经营杂交稻种子的企业，具有总加工能力 5 t/h 以上的成套设备；生产经营其他主要农作物杂交种子的企业，具有总加工能力 1 t/h 以上的成套设备。

四、人员

具有 2 名以上种子生产专业技术人员，2 名以上加工贮藏和检验专业技术人员。

从事主要农作物杂交种子及其亲本种子生产企业还需要具有种子生产、加工贮藏和检验专业技术人员各 5 名以上。

五、品种

生产经营主要农作物常规种子的企业，具有生产经营通过审定品种，同时具有 1 个以上与申请作物类别相应的审定品种；生产经营登记作物种子的企业，具有 1 个以上的登记品种。生产经营授权品种种子的，有品种权人同意的书面授权书。

从事主要农作物杂交种子及其亲本种子生产企业还需要：生产经营的品种应当通过审定，并具有自育品种或作为第一选育人的审定品种 1 个以上，或者合作选育的审定品种 2 个以上，或者受让品种权的品种 3 个以上。生产经营授权品种种子的，应当征得品种权人的书面同意。

六、生产环境

具有种子生产的隔离和培育条件，生产地点无检疫性有害生物。

七、农业农村部规定的其他条件

略。

第二节　国家级种子生产基地环境要求

一、生产环境

（一）自然条件优越

就种子生产而言，基地需要具备十分丰富的自然资源，一般要求日照充足，昼夜温差大，无霜期较长，气候干燥，蒸发量大，降水稀少，农作物病虫危害比较轻，并且具有良好的天然隔离条件。种子成熟早，脱水快，种子色泽鲜艳，籽粒饱满，生活力强，主要质量指标达到国家标准，种子在市场上受欢迎。

（二）农业生产基础好

制种基地农业发达，农业基础设施良好，农业生产条件优越，土壤肥沃、地势平坦，灌溉设施完备、灌溉便利，机耕条件好、便于机械化作业，农业新技术应用比较广泛，农作物单产水平高，具有发展现代农作物种业良好的产业基础。

（三）技术力量雄厚

种业是技术密集型产业，在种业发展的过程中，需要一大批种子生产专业技术人员和雄厚的技术力量。要求农民、技术人员熟练掌握农作物制种的基本知识和操作技能，制种企业技术骨干熟练掌握农作物制种技术规程。

（四）劳动力资源比较丰富

种业是劳动密集型产业，尤其是杂交制种在去雄授粉季节，所需的劳动力数量多而且时间集中，要求制种基地县域劳动力资源比较充裕，大多数农民都多年从事过制种，有丰富的制种经验，能熟练地掌握制种技术，科技素质比较高，能够满足种子生产所需的劳动力数量和质量要求。

二、典型案例

以国家级杂交玉米制种基地玛纳斯县制度环境为例进行介绍。

（一）实行备案、公告和规模授信制度

凡在本县从事种子生产的企业，必须在每年3月10日前持企业营业执照、种子生产许可证在县种子监督管理站备案。委托生产种子的企业或个人，除持有委托方营业执照、种子生产经营许可证外，还应当提供委托方的授权委托书。县种子监督管理站负责在各生产乡镇、村对审查合法的种子生产企业名单进行公告，供制种户自主选择。

凡在本县内具有合法生产经营许可证的玉米种业企业，种子生产规模由县农业局对其进行企业信用评估定级，信用评估定级结果在每年3月10日前通过公告、电视、广播等形式向社会公布。企业种子生产规模授信额度分别为：定级为AAAA级的生产面积不设上限；定级为AAA级的生产面积不得超过3万亩；定级为AA级的生产面积不得超过2万亩；定级为A级的生产面积不得超过1万亩；无认定级别但有合法种子生产经营许可证的生产面积不得超过0.3万亩。

（二）实行制种户代表大会、种子生产收购合同审查备案制度

各制种村村委会召开制种户代表大会，以投票或举手表决的方式，按照少数服从多数的原则选择种子生产企业，确定、签订种子生产收购合同。种子生产基地在确保300 m隔离区标准的基础上，由制种户（合作社）和种子生产企业自主双向选择，确定具体的种

子生产地块。协商确定种子纠纷解决方案。

种子生产企业必须与制种村签订规范的制种合同，由企业法定代表人与基地村民委员会主任或农民制种专业合作社法定代表人签订，同时与制种户签订生产合同。种子生产收购合同必须进行合法性审查，县种子管理部门负责审查辖区内制种企业签订的合同，乡镇人民政府司法所负责审查辖区内基地村或制种专业合作社、制种户与制种企业签订的合同。

（三）实行种子生产标准化、守法诚信保证金制度

种子生产标准应在符合 GB 4404 的基础上，由农企双方协商确定种子质量标准，并在合同中约定。种子生产企业应根据生产品种的特点，按品种制定《杂交玉米种子生产技术规程(标准)》(以下简称《规程》)，并作为种子生产收购合同的附件。农企双方应当严格按照《规程》进行玉米种子生产管理。种子生产企业因《规程》或技术指导失误造成的生产质量等问题，由种子企业承担责任。因制种户(合作社)违规操作造成的种子质量等问题，由制种户(合作社)承担责任。种子生产企业应当按照种子法相关规定建立健全种子生产档案。

凡在本县从事种子生产的企业，必须在 3 月 15 日前按照每亩 50 元的标准，向县种业协会缴纳种子生产守法诚信保证金。由协会设立专户专存，用于种子生产质量收购风险的管控。当年合同履约完毕，没有发生违规违法的企业，本息一次性退还。

（四）实行种子纠纷调解、农业生产保险制度

各乡镇人民政府负责对辖区内种子生产交售过程中出现的纠纷的协调处理工作。各村委会负责协调解决农企双方在种子生产隔离区、灌溉、去雄、去杂、交售、付款等环节产生的纠纷。县种子监督管理站配合各乡镇人民政府、村委会协调解决种子生产纠纷。

凡在本县区域内的种子生产必须参加政策性农业保险，种子生产保险金由县财政、种子生产企业、制种户(合作社)三方共同承担。

（五）实行种款兑付限期、公开公示制度

种子生产企业与制种基地村或农民制种专业合作社签订制种合同时要明确种款兑付期限，并按合同约定的期限按时兑付，于当年 12 月 31 日前兑付完毕，一律不得拖欠，坚决杜绝“留尾款套基地”的不良行为。

县种子管理部门在每年 3 月 10 日前向社会公布当年具有合法制种资格的企业名单、授信规模，基地村村委会或农民制种专业合作社应及时向制种农户公开合同内容，接受群众和社会监督。

（六）实行诚信黑名单、严格责任追究制度

凡严重违反种子法，生产转基因种子、假劣种子、侵权种子或抢购套购其他公司种子等违法行为的企业；因重大技术指导失误对制种户(合作社)造成损失没有妥善解决的企业；严重违反合同约定拖欠制种户(合作社)种子款的企业一律列入企业“黑名单”，列入

“黑名单”的企业将限制次年在本县从事种子生产经营活动。凡违反本办法或诚信意识不强,涉种矛盾纠纷频发,质量意识不强,合同签订存在暗箱操作,不按合同规定交售种子,私留倒卖种子的基地村一律列入基地“黑名单”,列入“黑名单”的基地村将调减次年其种子生产面积。凡违反本管理办法相关规定,不按《规程》管理种子造成种子质量不合格,不按合同规定交售种子,私留倒卖种子,在交售的种子中掺杂掺假种子的制种户(合作社),列入制种户(合作社)“黑名单”,被列入“黑名单”的制种村和制种户(合作社),县农业局负责协调金融部门,分别取消其信用村和信用户的资格。

凡发生严重违法行为的企业,由相关部门依法从严从重进行处罚。对严重违反种子法,生产侵权种子、假劣种子及无证生产种子的行为,由县农业局依法进行查处,达到司法立案标准的移交公安部门依法处理。县农业、公安、法院、工商、质监等相关职能部门,出现行政不作为、乱作为、监管不力等行为的,由纪检监察部门依法、依规追究责任。各乡镇人民政府出现行政不作为,对辖区内违法违规、恶意竞争基地行为不劝阻不制止,对种子生产收购合同审查不严,对村干部管理缺失,辖区内出现无证生产种子的行为不劝阻、不上报,出现种子隔离区、质量和收购、付款等纠纷不及时有效调解的,由县纪检委依法依规追究主要领导、分管领导的责任。种子生产基地村委会、村党支部及制种专业合作社负责人违规收取企业服务费,引进无证、信誉度差的企业或签订不规范合同,对制种户造成重大损失、造成恶劣社会影响的,由乡镇纪检委依法、依规追究村党支部书记、村委会主任等相关人员责任。构成犯罪的,移送司法机关追究刑事责任。

第三部分

学徒工作学习任务

The third part

The third part
The third part
The third part

第一节 玉米制种技术

【专业知识准备】

一、玉米制种生产现状

玉米是世界第一大作物。近40年来，世界玉米总产量、播种面积和单产不断上升，目前总产量在8亿t以上，播种面积超过22.5亿亩，单产达到347 kg/亩。美国和中国为主要玉米生产国，占世界总产量的60%。随着燃料乙醇等生物质能源的广泛应用，世界玉米的需求快速增加。

我国是世界玉米第二生产大国，近年来，玉米产量已在1.2亿t以上，占世界玉米产量的20%左右。这1亿多t的玉米大体消费领域是：饲料约9 000万t；口粮约1 500万t；种子约120万t；工业消耗约1 100万t；储运消耗约500万t。

玉米也是我国第一大作物，种植面积和产量占有份额均在50%以上。20世纪90年代以来，我国玉米生产发展比较快，为全国粮食增产做出了巨大贡献。从1990年到2015年，玉米总产量从988亿kg增加到2 245.8亿kg，净增1 257.8亿kg；玉米种植面积从3.2亿亩增加到5.7亿亩；单产从308 kg/亩提高到393 kg/亩，提高了28%。这期间，全国粮食总产量增加了1 572亿kg，其中玉米对全国粮食增产的贡献率超过80%。2020年，我国经济社会对玉米的总需求为2.5亿t，玉米对全国粮食增产的贡献率达到90%，对我国粮食安全具有举足轻重的作用(图3-1-1至图3-1-6)。

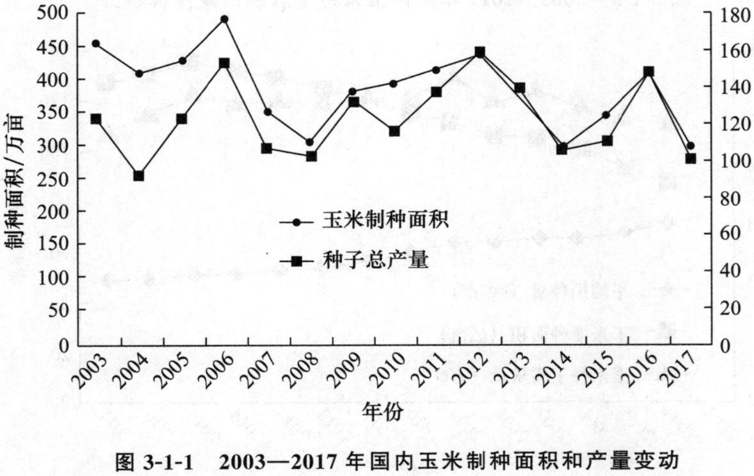

图3-1-1 2003—2017年国内玉米制种面积和产量变动

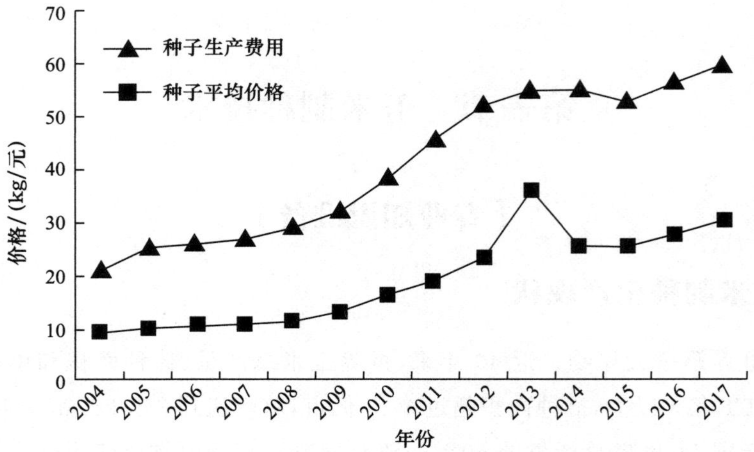

图 3-1-2 2004—2017 年国内玉米制种费用与价格变动

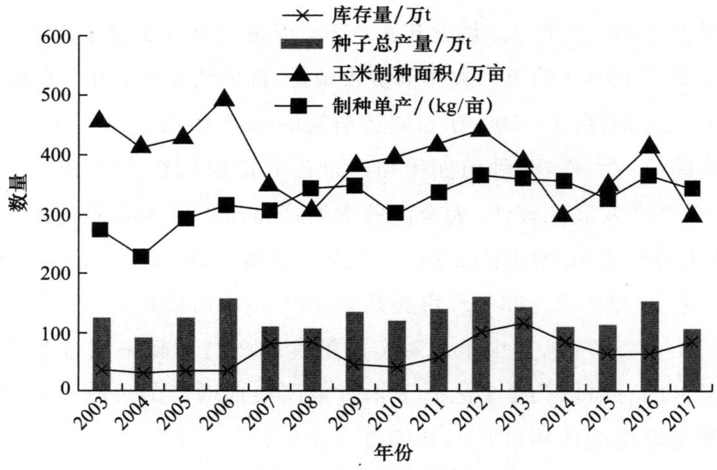

图 3-1-3 2003—2017 年国内玉米种子总供给量柱状趋势

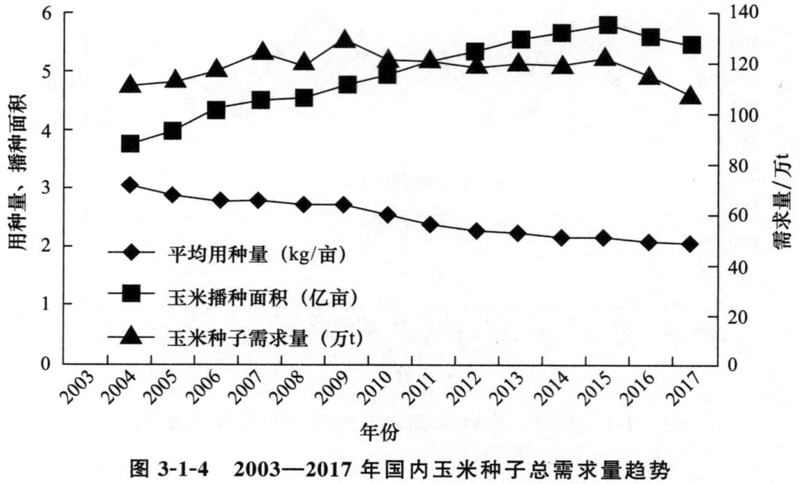

图 3-1-4 2003—2017 年国内玉米种子总需求量趋势

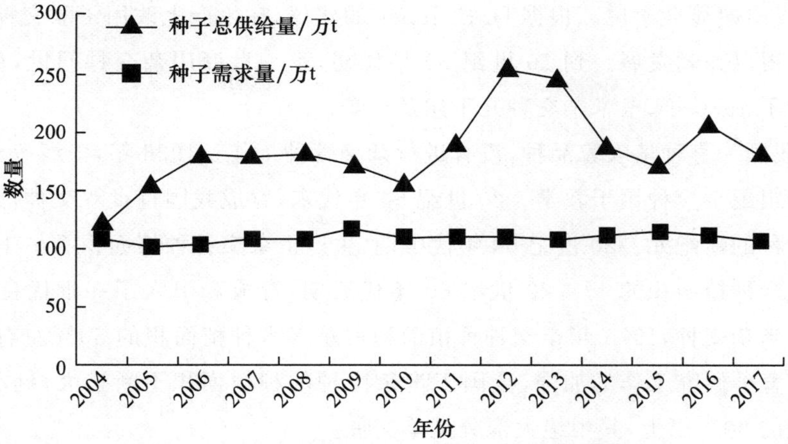

图 3-1-5 2004—2017 年国内玉米种子供需曲线图

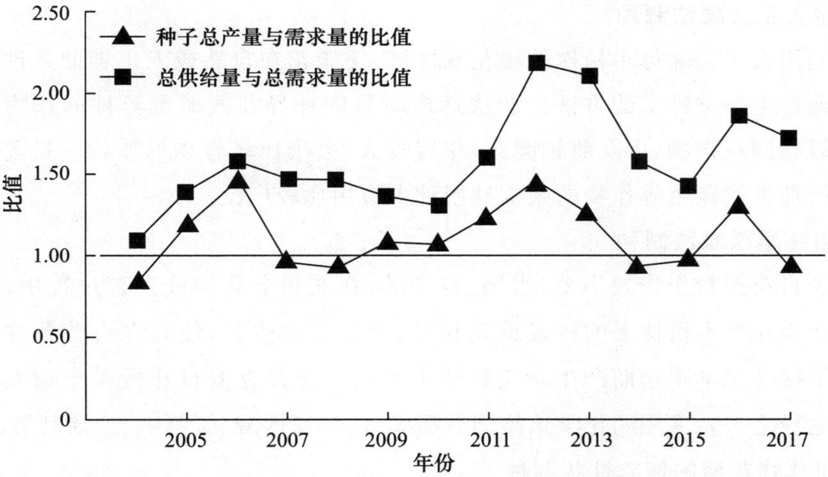

图 3-1-6 2003—2017 年国内玉米种子供给需求点状图

二、玉米杂交制种基本知识

（一）玉米杂交技术的发展

玉米原产于美洲，原始玉米育种可以追溯到五千多年以前，即从印第安人把野生玉米驯化栽培开始。当欧洲人早期到达北美时，他们带着印第安人培育的“北方硬粒种”玉米向内地迁移，在中西部一带与另一个“南部马齿种”相串粉，经过混合选择，在 1850 年前后产生了玉米的马齿品种。达尔文曾以自己的试验结果，首先报道了自交和异交玉米生长的明显差异。W. J. Beal 最早用隔离区和摘除雄穗的方法得到了玉米品种间杂交的种子，观察到一代杂交种的产量比亲本品种高 51%的结果。

20 世纪初，G. H. Shull 进行了玉米粒行数的遗传研究，先后于 1908 年和 1909 年发表了揭示玉米自交导致衰退、杂交产生优势的现象，从而奠定了近代玉米杂交育种方法的基础，并提出超显性学说。根据 D. F. Jones 的建议，在生产上改用了双交种子，玉米杂交优势利用得以蓬勃发展。到 20 世纪 30 年代初，第一批商用杂交种问世，很快被农民们接受。到了 1960 年，玉米杂交种几乎遍及全美。

过去，我国一直种植农家品种，没有进行杂交育种工作。1926 年，王绶等开始进行自交系选育和组配杂交种用于教学。20 世纪 50 年代末，育成我国首批双交种，开创了我国玉米杂交育种的新纪元。20 世纪 60 年代中期，生产上杂交种种植面积不足 100 万 hm^2，仅为我国玉米种植面积的 4%，20 世纪 60 年代后期，育成和引入了一批优良自交系，组配了一批玉米杂交种，1975 年杂交种种植面积占总玉米种植面积的 50%左右。此后，随着玉米杂交育种研究工作的加强，全国玉米杂交种的种植面积不断扩大，到了今天已占总种植面积的 99%以上，其中绝大部分是单交种。

生产杂交种子以利用杂种优势，主要采用以下几种方法：

1.利用人工去雄法制种

就是利用人工去除母本植株的雄花或雄穗，使雌花在自然或人工辅助条件下接受父本的花粉而产生杂交种子的方法。此法适应雌雄同株异花或雌雄异株的作物或繁殖系数较高的雌雄同花作物，以及雌雄同花、花器较大、去雄比较容易的作物。目前，在玉米、烟草、黄瓜、茄果类蔬菜等作物的杂交种制种中应用比较广泛。

2.利用化学杀雄法制种

指对于自花授粉作物如小麦、水稻、谷子等，在花粉分化前或发育过程中，使用化学药剂抑制或杀死母本植株上的雄蕊或花粉粒，雌蕊正常生长，使其在自然条件下或人工辅助条件下接受父本花粉而产生杂交种子的方法。这是克服自花授粉作物人工去雄困难的有效途径之一。常用的化学杀雄剂有稻脚青、二氯丙酸、青鲜素、乙烯利等。

3.利用作物苗期的标志性状制种

利用作物苗期具有某一显性性状的品种作父本，具有相对的隐性性状的品种作母本，在制种田内进行不去雄的人工授粉或自然杂交，获得杂交种子。在种植该杂交种生产田的苗期，凡具有父本显性性状的为真杂种苗，凡表现隐性性状的为母本自交的假杂种苗。对于假杂种苗可以通过田间间苗予以淘汰。此法适用于间苗或移栽作物，如棉花、水稻、白菜等。

4.利用自交不亲和系制种

有些植物的某些品系虽然雌雄器官在形态、功能和发育上完全正常，当开花期强迫自交或姊妹交时均表现不结实或结实很少，但在花蕾期自交可以结实，这种现象称为自交不亲和性。多数十字花科的蔬菜具有这种特性。具有这种自交不亲和性的品系就称为自交不亲和系。在杂交制种时，利用自交不亲和系作母本可以省去人工去雄的麻烦。如果双亲都是自交不亲和系，就可以互为父、母本，在两个亲本上采收同一组合的正反交杂交种子，这样可以大大提高制种产量。目前，这种制种方法在十字花科蔬菜的甘蓝、白菜中得到了广泛的应用。

5.利用雄性不育系制种

雄性不育是植物中的一种特殊类型。这种类型的植物雄蕊发育不正常，没有正常的花粉或花粉败育，而它的雌蕊发育正常，可接受外来花粉正常结实。具有这种特性的作物品系称为雄性不育系。利用雄性不育系做母本进行杂交制种，可以省去人工去雄的麻烦，同时还可以提高制种的产量，降低种子的生产成本，是利用杂种优势的最有效的途径，尤其对像小麦、水稻等自花授粉作物的杂种优势利用具有十分重要的意义。

利用雄性不育系配制杂交种，可以省去人工去雄，降低生产成本，提高制种质量，更重要的是为一些不易人工去雄的作物，如水稻、高粱、小麦等杂种优势利用开辟了新途径。

雄性不育性可以分为质、核互作不育，核不育两种类型。在生产上应用较广泛的是质、核互作不育。利用雄性不育配制杂交种的方法有三系法和两系法。

(1)三系法　是利用质、核互作不育配制杂交种的方法。三系是指雄性不育系(不育系)、雄性不育保持系(保持系)、雄性不育恢复系(恢复系)。

①不育系　是指具有雄性不育性的品种或自交系。主要特点是雌蕊发育正常，能受精结实，但雄蕊发育不正常，没有花粉或花粉无生活力，不能自花授粉，故在制种时做母本，可以不用人工去雄。

②保持系　是指给不育系授粉后，杂交后代能保持其不育性的品种和自交系。保持系有同型和异型之分，与不育系有共同血缘关系、姊妹关系的保持系，称为同型保持系；与不育系有不同血缘关系、姊妹关系的保持系，称为异型保持系。

③恢复系　是指给不育系授粉后，能恢复其雄性繁殖能力的品种和自交系。制种时用恢复系做父本，不育系做母本，在制种区内自然授粉杂交，便可得到杂种种子，而且杂种一代能良好地开花授粉，正常结实。

(2)两系法　是利用细胞核雄性不育基因控制的雄性不育配制杂交种的方法。两系指的是不育系和恢复系。不育系起着保持系和不育系的作用，即以不育系中的可育株给不育系授粉，或可育株自交繁殖不育系种子，从而使不育性得到保持；以不育系中的不育株与恢复系杂交生产杂交种子。但制种区的母本和大田种植的杂交种，都要根据形态特征拔除可育株和假杂种。这类不育系具有光温敏感性，它的不育系与抽穗期间日照长短或温度高低高度相关。在长日照或高温条件下生长表现雄性不育，在短日照或较低温条件下则转为雄性可育。因此，可以利用这种育性转变的特性，春播的作为母本不育系配制商品杂交种，夏播的作为保持系自身繁殖保存，做到一系两用，故称之为两用系。

(二)玉米杂交制种方式

1.自交系

玉米自交系是从一株玉米开始，经过连续多代的自交和选择，最后产生的一个基因型纯合，性状整齐一致的单株后代。在这个单株后代内自交或姊妹交产生的群体，都是同一个自交系。玉米杂交制种中的亲本大多数是自交系。玉米自交系有两个明显的特点：一是基因型纯合，性状稳定；二是生活力衰退而导致植株变矮，果穗变小，产量降低。

根据选育自交系的基本材料不同，自交系可分为一环系和二环系：

(1)一环系　从品种和品种间杂交种选育出来的自交系叫一环系。一环系的特点是：遗传基础丰富，适应性强，类型多。但在选育过程需要年限较长，生活力和产量衰退严重。随着玉米自交系间杂交种的利用和普及，品种和品种间杂交种已不再是选育玉米自交系的主要基本材料。

(2)二环系　从玉米自交系间杂交种中选育出来的自交系称二环系。二环系的特点是：优良基因和优良性状得到了更好的积累和加强，长势旺盛，配合力高，综合性状好，而且在选育过程中稳定的较快，有利于缩短育种年限。

2.玉米杂交制种的方式和特点

玉米杂交制种根据组成杂交种亲本数目的排列和组合，可分为单交种、三交种、双交种、顶交种、综合杂交种等杂交种方式。目前生产中使用的主要是单交种。

(1)单交种　是由两个自交系一次杂交而成。单交种由于只结合了两个自交系的性状，遗传基础比较狭窄，所以稳定性和适应性比其他杂交种差。单交种比其他杂交种制种简便、整齐度高、优势强，是当前生产上利用杂交种的主要类别。

(2)三交种　是用两个自交系先配成单交种，再与第三个自交系杂交而成。组配三交种，一般用单交种做母本，制种产量较高，成本较低。

(3)双交种　是四个自交系按组合先分别配成两个单交种，再用这两个单交种配成双交种。双交种遗传基础比较广泛，适应性强，具有稳产、高产的特点，制种产量高，种子成本低。但因其亲本自交系较多，繁殖制种程序比较复杂，基因分离、重组分离和机械、生物混杂难以控制，故双交种的整齐度不及单交种。

(4)顶交种　是用一个自交系和一个品种组成(或一个单交种和一个品种组成的杂交种)。顶交种的亲本之一是当地种植的品种，故其后代容易适应当地的环境条件，产量稳定。但其品种的遗传基础复杂，杂交后代的整齐度比上述各类自交系间杂交种都差。

(5)综合种　亦称综合杂交种。它是用若干个自交系或自交系间杂交种经过自由授粉选育而成，遗传基础较为广泛、抗逆性强、适应性广、优势比较稳定。配种程序也叫简单，一经制成，可在生产上连续使用多年，省去年年制种的麻烦，便于推广，但其整齐度比单交种、三交种、双交种、顶交种都差。

(6)正交种与反交种　玉米杂交组合按照育种单位品种审定时的父母本进行制种的叫正交种。将杂交组合的父母本对换，父本做母本，母本做父本进行制种的叫反交种。

如农大108反交制种，母本密度和制种产量均高于正交种。但要注意，同一品种正、反交制种，收获的种子受母本性状影响而表现不同。

（三）玉米穗分化与叶龄同伸关系

花期不遇是玉米制种过程中经常出现的问题，玉米花期受玉米自交系自身遗传特性、播期、水肥管理、气候等多种因素影响。受遗传因素影响，玉米穗分化与叶龄存在相对稳定同伸关系（表3-1-1），掌握玉米穗分化与叶龄同伸关系有利于有效预测玉米花期，及时采取措施调整花期。

1.玉米的雌、雄穗

玉米是雌雄同株异花作物，其雄穗由主茎的茎生长点分化发育而成，雌穗（俗称果穗、棒子）由茎秆中部节上腋芽内的侧芽生长点分化发育而成。玉米雄、雌穗分化过程基本相似，均分为生长锥未伸长期、生长锥伸长期、小穗分化期、小花分化期、性器官发育形成期五个时期。

雌穗分化开始时间较雄穗约晚10 d。雌穗吐丝一般比同株雄穗散粉晚2～3 d，一个果穗第一条花丝露出到全部露出需要5～7 d，花丝得不到受精最长可存活7 d左右。

2.叶龄指数

生产实践中常以出现展开叶片数来判断某一品种当时所处的穗分化阶段。对不同品种，总叶片数不同，可用叶龄指数来判断穗分化的时期。

$$叶龄指数=\frac{某时期的展开叶片数}{该品种的总叶片数}\times 100\%$$

表3-1-1　玉米穗分化与叶龄同伸关系

品种	生育期	出苗期	拔节期		小喇叭口期		大喇叭口期		抽雄	吐丝
	雄穗	生长锥未伸长期	生长锥伸长期	小穗分化期	小花分化期	性器官发育形成期			抽雄	
	雌穗			生长锥未伸长期	生长锥伸长期	小穗分化期	小花分化期	性器官发育形成期		吐丝
中晚熟（新玉21号，21片叶）	展开叶/片	5	6	7～8	8～9	10～11	11～12	13～14	15	21
	可见叶/片	7～8	9～10	11～12	13～14	15～16	17～19	20～21	21	21
	叶龄指数/%	24	29	33～38	43	53	52～57	62～67	72	100
	历时/d	26	5	9	8	15	5～6	14	8	6
早熟（新玉9号，18片叶）	展开叶/片	4	5	6～7	8	10～11	10～11	13～14	14	18
	可见叶/片	6～7	8～9	10～11	13～14	16～17	16～17	18～19	18	18
	叶龄指数/%	22	28	33	44	56/50	56	72	74	100
	历时/d	24	3	9	7	14	6～10	8～9	6	6

（四）玉米的开花、授粉结实

1.玉米开花、授粉与受精

玉米雄穗开花时，花药中的花粉粒及雌穗小花和胚珠中的胚囊都已成熟。花药破裂即产生大量花粉。散粉在一天中以 9:00—13:00（地方时间）较多，最盛在 9:00—11:00，下午开花少。

玉米为风媒花，花粉粒轻，花粉数量多，每个花药可产生 2 500 多粒花粉，全花序可达 250 万粒。散粉时靠微风即可传至数米远，大风天气可传至 500 m 以外。

玉米授粉受精过程是：花粉粒落在花丝上，经过 2 h 多萌发形成花粉管，进入胚囊，完成受精过程。花粉粒释放的两个精子，一个与卵细胞结合，形成合子，将来发育成胚；另一个先与两个极核中的一个结合，再与另一个极核融合成一个胚乳核，将来发育成胚乳。授予花丝大量花粉，或重复授粉，可促进花粉粒萌发和花粉管伸长。

玉米花粉在田间条件下，4 h 内活力最高，6 h 后生活力显著降低，22～24 h 则全部丧失生活力。玉米抽雄开花时，日均气温为 24～26 ℃，气温高于 32 ℃，空气湿度低于 30%，会使花粉失水干枯，花丝枯萎，导致授粉不良，造成缺粒减产。抽雄散粉时气温低于 20℃，花粉开裂不正常，会影响正常散粉。根据气候和父母本花期情况，及时实行人工辅助授粉是提高玉米果穗结实率的有效措施。

2.籽粒发育

玉米雌花受精后，籽粒即形成并生长发育。从受精到籽粒成熟一般历时 40～55 d。籽粒形成和灌浆过程可分为 4 个阶段：

（1）籽粒形成期　玉米受精后 10～12 d 原胚形成，14～16 d 幼胚分化形成，籽粒成胶囊状，胚乳为清浆状，含水量大，干物质积累少，体积增大快，处于水分增长阶段。

（2）乳熟期　受精后 15～35 d，种胚基本形成，分化出胚芽、胚轴、胚根，胚乳由乳状至糊状。籽粒体积达最大，干物质呈直线增长，千粒重日增量最快可达 10 g 左右。此时籽粒含水量开始下降，为干物质增长重要阶段。

（3）蜡熟期　受精后 35～50 d，种子已具有正常的胚，胚乳由糊状变为蜡状，干物质积累继续增加。但灌浆速度减慢，处于缩水阶段，籽粒体积有所缩小，干物质质量占成熟时粒重的 70%以上。

（4）完熟期　受精后 50～60 d，籽粒变硬，干物质积累减慢，含水量继续下降，逐渐呈现品种固有色泽特征，皮层具有光泽，指甲不易划破。马齿型玉米顶端凹陷，硬粒种外表光亮坚硬。种子基部尖冠有黑层形成。

玉米籽粒形成和灌浆期间，日均气温在 22～24 ℃最适宜，若气温低于 16 ℃或高于 25 ℃，则酶的活性受影响，光合产物积累和运输受阻，籽粒灌浆不良；若高温逼熟，则千粒重明显下降，减产严重。玉米收获后要及时烘干。

任务一　制订制种计划

【任务目标与质量要求】

制订公司玉米制种年度生产计划和分解目标任务，研究制订本部门、本片区玉米制种工作计划，核算制种工作成本效益，落实制种面积、签订制种合同，与制种基地沟通，检查落实备耕情况，准备制种亲本并于春播前及时发放亲本。

【学习产出目标】

(1)熟知玉米杂交制种相关名词概念，杂交制种父、母本配置关系，玉米拌种与贮藏技术，玉米播前整地作业流程与质量要求。

(2)制订制种工作计划。

(3)签订制种合同。

【工作程序与方法要求】

一、制订制种生产计划

(一)工作内容

根据良种生产部下达的任务和各项指标，制订年度制种生产计划。制种生产计划的内容包括：

(1)制种目标任务和各项指标。

(2)人员聘用配置与培训。

(3)成本预算。

(4)制种面积落实。

(5)技术措施与种植户培训观摩。

(6)管理办法及考核奖励办法。

(7)质检管理等。

(二)工作要求

清楚制种任务，明确工作措施、人员配置、成本费用、管理考核指标。

二、落实制种面积

(一)工作内容

公司统一管理，制种生产部门指导，各生产部门负责实施，全员参与。

1.依靠政府、稳定基地

了解当地政府的发展规划，使公司的发展同政府的发展紧密结合；实现公司生产、加工的本地化，切实解决政府、农民的实际问题。

2.开展多种形式交流活动，扩大公司知名度

玉米制种期间组织相关领导、农户进行观摩、交流。冬季邀请相关人员来公司座谈，加强相互沟通。

3.调查农村现状，确定基地分布

结合参观交流活动和实地调查的方法，掌握制种区及未制种区各村、镇、县的种植结构、土地状况、水源状况、生产条件、科技水平、劳动力资源、农户需求等，为确定基地分布提供信息。

（二）工作要求

长远规划，建立稳定的制种基地。落实本年度制种面积。

【业务知识与经验分享】

1.种子企业不同级别技术员负责制种面积标准及开支

(1)负责制种面积

①生产部经理　负责制种面积533～667 hm^2(8 000～10 000亩)。

②技术骨干　一级技术员[在公司连续工作6年以上，考核优秀(1次优秀)]：负责100 hm^2(1 500亩)。二级技术员(在公司连续工作3年以上，考核合格)：负责80 hm^2(1 200亩)。试用期技术员(顶岗实习的学生可参照)：负责66.7 hm^2(1 000亩)。

(2)种子企业制种工作成本开支

①制种基本费用　包括生活费、交通费和通信费。由公司配备摩托车、自行车等交通工具。一般按种子量，以10元/t计算。

②乡村工作协调费　协调制种工作所支付的报酬。

③企业管理费用　包括企业人员工资、奖金、业务费、培训费等，各企业差异较大。

2.如何有效落实制种田面积

制种田的落实，需要充分考虑玉米生产的光热条件(如无霜期、积温)、灌溉条件、生产水平、农村集体组织水平、农户积极性、隔离区等因素。生产中也经常出现问题，如制种玉米不能正常成熟；制种地选择了生地、盐碱地，杂草丛生、产量极低；与其他公司隔离区面积不够，只能将杂交种转商品玉米；劳力不足，去雄不及时。

农户对制种工作积极性的高低关键在制种是否满足“效益高、风险小、操作简单、多数农户选择”的原则。

(1)积极依靠乡镇政府、村委会推动　制种工作需要规模化生产，需要协调农户连片种植。而我国乡镇正在着手农业产业结构调整，发展特色产业，实施“一村一品”工程，我国西北部很多气候适宜制种的乡镇都把制种这一见效快、效益高、风险小的产业作为特色产业来发展。同时，我国实施村民自治制度以来，村民委员会是村级事业管理机构。所以，种子企业落实制种面积针对乡镇、村委会的工作是必不可少的。

(2)合理定价,履行合同　种子收购定价主要受同期国家粮食收购、生产资料、劳动力等影响,还受到种子企业生产成本、企业间价格竞争等因素的影响。一个地区种子收购价格应该由种子行业,种子企业,制种县、乡(镇)和村委会共同调研制订,保护种子企业和制种户双方利益,避免企业间打价格战。公司在与制种基地的农户签订的合同中要明确在质量合格的前提下保证收购,消除制种农户的顾虑。

(3)善于宣传,树立典型,示范带动　种子企业在落实制种田面积时,要善于利用农村科技带头人、科技示范户,首先帮助他们成为优秀典型,加强宣传,可有效促进工作开展。

(4)周到服务,取信农户　公司工作人员要做到优质服务、热情周到,善于沟通,建立良好的人际关系,为基地农户排忧解难,搞好技术指导,农户的制种热情才会持久不衰。

(5)稳定基地,让利于民　种子企业一般都通过各种途径建立自己稳定的制种基地。种子企业在恰当的时候,通过投资乡(镇)、村公益事业、农田基础建设事业或建立制种风险基金等方式返利于基地,有效提高企业社会声誉,有利于企业基地稳定建设。有些种子企业在冬季落实制种田面积时会邀请乡(镇)、村领导及有影响的制种户到企业座谈、参观,施以企业文化影响,坚定乡(镇)、村领导与企业合作信心,并落实、签订制种田合同。

(6)特殊情况下的措施　个别年份企业间激烈争夺制种基地,争夺基地的企业多采用提高种子收购价格、预付现金或生产资料等措施,并在冬前就开始与基地各方人士接触,通过各种手段争取支持,获得制种田合同。在这种情况下,争夺基地的企业无形中增加了制种成本,实际上在竞争中已处于劣势,其他各种子企业根据企业竞争战略,会采取不同应对措施。如及时与政府、村委会沟通,适当提高收购价格或做其他承诺,并下派在乡(镇)、村有良好人际关系的工作人员稳定住企业自身制种基地。

三、签订代繁合同

(一)工作内容

各生产部门负责种子生产基地的评价、选择及合同签订工作。

合同签订之前要充分考察制种户田块、技术水平、劳动力现状、隔离条件等因素,符合要求,再按公司统一合同文本及合同签订相关要求签订代繁合同。

(二)工作要求

合同签署规范。

【业务知识与经验分享】

1.签订代繁制种合同需要注意的事项

一般种子企业都有印制规范的代繁制种合同文本供使用。在签订合同时要注意以下几个问题：

(1)种子收购质量标准一定要明确，如含水量、净度、纯度、发芽率等，以免引起纠纷。

(2)交货时间、地点要明确。

(3)双方违约责任要明确，规范双方责任义务，避免种子被其他公司"套收"或企业不按时支付种子款等现象发生。

(4)合同中要明确对合同纠纷的处理办法。

2.如何督促、检查制种合同户备耕情况

最好在代繁制种合同里写入备耕的具体要求。

各生产部门在亲本发放期间要注意了解合同户制种备耕情况。按照当地农资备耕习惯，以及制种技术要求，在播前要检查并记录合同户备耕情况，对备耕情况好的农户要作为典型宣传，也可以与乡(镇)、村联合召开现场观摩会。

四、亲本准备与发放

(一)工作内容

按照制种计划和种子田落实情况，准备亲本，并检查亲本质量。

亲本应多准备计划数5%的余额，以备播种不足。各生产部门提前按照合同制种户名单、面积，制订制种户亲本发放单，并严格亲本发放程序，按要求办理财务手续，严禁出错。

(二)工作要求

发放程序规范、准确无误(表3-1-2)。

表3-1-2 分发父、母本种子及记录

制种户名	制种面积/亩	领取母本质量/kg	领取父本质量/kg	种植户签字	技术员复核签字

任务二　播前准备

【任务目标与质量要求】

为保证制种玉米的优质高产，创造良好的生长环境，学徒在师傅的指导下，按播期准备土地，土地达到待播状态：施足底肥、墒情合适、土地细碎平整。

【学习产出目标】

(1)按要求选地，满足隔离要求。

(2)检查亲本，数量、质量符合要求。

(3)备耕质量检查记录。

(4)准确分发父母本种子并记录。

(5)按要求对土壤进行封闭处理。

【工作程序与方法要求】

一、选地隔离

(一)工作内容

选土壤肥力中上等、灌溉条件好且集中连片的秋翻地块做制种地。最好选择小麦等作物为前茬，甜菜、高粱、玉米等作物不宜做前茬。

杂交种空间隔离 300 m，自交系、白粒玉米繁殖制种空间隔离 500 m。

(二)工作要求

土地肥力中上、连片、灌溉方便、前茬合适。隔离区内严禁种植其他玉米。

玉米制种不能重茬，以免造成混杂。但在繁育同一杂交种时，考虑土地因素可以重茬，因为砍父本后，自交系混杂率很低。

【业务知识与经验分享】

1.玉米制种隔离方法

玉米是同株异花作物，靠风力传播花粉，制种时必须进行隔离，隔离是防止生物学混杂的重要措施。隔离方法有：自然屏障隔离、高秆作物隔离、时间隔离和空间隔离。

(1)自然屏障隔离　是指利用现有的自然屏障物如山岭、树林、村庄等，如以树林做屏障，树林的高度要比玉米高 2 m 以上，宽度不小于 20 m。

(2)高秆作物隔离　在制种区四周种植高粱、向日葵等高秆作物，阻挡异系或异品种的花粉传入。单交种制种区四周，高秆作物适当提前播种，加强管理。

(3)空间隔离　是指以制种田为圆心的一定的半径距离内不种植父本以外的其他

玉米，以防非父本的外源花粉侵入。空间隔离的距离国家标准为：普通玉米单交制种为 300 m，甜玉米、糯玉米、白玉米杂交制种在 400 m 以上，亲本自交系扩繁在 500 m 以上(GB/T 17315—2011)。

不过一般种业公司在实际操作中，都提高了空间隔离的标准：单交种 400 m，自交系 700 m。

(4)时间间隔　将制种区玉米播种期与邻近玉米的播种期错开，使制种玉米亲本的抽穗扬花期与邻近地块其他玉米品种错开，从时间控制上达到安全隔离的要求。一般在生育期相同或相近的情况下，春播玉米错期 40 d 左右，夏播玉米错期 30 d。

2.玉米地化学除草方法

(1)播后苗前土壤封闭　38%莠去津(阿特拉津)3.75 L/hm^2＋90%禾耐斯(乙草胺)1.5 L/hm^2，或 90%乙草胺 1.5 L/hm^2，播后苗前封闭土壤。

(2)苗后茎叶喷雾　4%烟嘧磺隆(玉农乐)750 mL/hm^2＋38%莠去津(阿特拉津)1.5 L/hm^2，在禾本科杂草 3～5 叶期茎叶喷雾。注意：4%烟嘧磺隆对一些玉米品种敏感，在甜玉米和黏玉米上不能使用。

二、播前准备

(一)工作内容

1.秋翻冬灌、深施基肥

小麦、油葵、棉花、玉米收获后及时清(灭)茬翻耕 20～25 cm，结合翻耕每公顷施入基肥磷酸二铵 450 kg，或三料磷肥 300 kg 和尿素 150 kg。根据土壤和灌溉条件，选择春耕前秋灌或冬灌，灌水量每公顷 1 200～1 500 m^3。

2.晒种

播前选晴天晒亲本种子 3～4 d。注意避免机械混杂。

3.农机具

检修、保养、调试拖拉机、播种机、耙、耱等农机具，使其处于待播状态。

4.农资准备

备齐地膜、化肥。70 cm 宽地膜每公顷需 165 kg。

5.播前整地

春季及时耙耱保墒，耙地深度 5～6 cm，不要过深，以免跑墒，影响出苗。杂草严重的地块可采用化学除草。

(二)工作要求

土地肥力中上、连片、灌溉方便、前茬合适。隔离区内严禁种植其他玉米。

土地处于待播状态，达到“齐、平、松、碎、净、墒”六字要求；检修调试好农机具；备好种子、化肥、地膜等农资(表 3-1-3)。

【业务知识与经验分享】

1.制种玉米播种前准备

(1)深入了解制种地的农业自然条件、农业生产社会经济等现状。掌握播前整地标准及播前物资的备用量。

(2)了解制种亲本的特性,确定适宜的播种期、父母本行比、错期时间长短、植株形态特征。

(3)选地。制种生产中,对土地要求不严格,一般选择养地作物为前作,尤其是在特用玉米种植时更应注意。

表 3-1-3 备耕质量检查记录

制种户名	制种面积	前茬及翻耕质量	化肥	地膜	农机具

2.玉米制种田安排有"五忌"

(1)忌母本特征相近的一父多母同区制种。

(2)忌大行比与顺风向　父母本行比是依据父本的花粉量及花期的长短而定的。行向与风向垂直的情况下,可以把正常的行比适当扩大。不同的制种区域在花期的风向是有一定规律的,种子田的行向设计切忌顺风向。

(3)忌制种田补种高秆作物　在补种时,应注意不能影响田间的通风透光。

(4)忌同一品种重茬连作　前作最好是 2 年以上未种植玉米的地块。

(5)忌父母本正反交在较近区域内。

3.如何做好制种田田间档案

为确保质量问题的可追溯性,农业农村部明确要求必须建立种子生产档案,并且每年在杂交制种的花期进行抽查。各企业都制订有玉米制种田间管理档案记载表(表 3-1-4)。生产部技术人员春播前按照代繁制种合同进一步确认制种田,并填写田间档案资料。填写田间档案资料首先需要熟悉各项指标的检测方法,按照技术要求进行各项指标检测,同时对已完成的指标项目,要询问制种户,经核实后填写。每一阶段的田间档案、质量检查记录,有些企业要求企业存档一份,制种户留存一份。

表 3-1-4　制种玉米田间档案记载表

合同户编号		户主姓名	
地块名称(编号)		制种面积	
前茬及隔离情况			
播前整地情况			
基肥施用量			

记载人(签字):　　　　　　　　　　　记载日期:　　年　　月　　日

审核人(签字):

任务三　播种

【任务目标与质量要求】

做好播前的土地准备，为制种玉米的优质高产创造良好的生长环境，土地按播期达到待播状态：施足底肥、墒情合适、土地细碎平整；播种要求达到：适时播种、播种质量好、出苗率高。掌握播种量控制、检查播种质量的标准、施肥标准、农机具的调试。

【学习产出目标】

(1)按要求对种子进行播前处理。

(2)正确对父母本行进行标记。

(3)按标准进行亲本的播种作业。

(4)填写田间档案，做好质检记录。

【工作程序与方法要求】

(一)工作内容

1.播期

适期早播，在昌吉地区 4 月中、下旬完成播种(图 3-1-7)。

2.播量

母本每公顷 52.5 kg(3.5 kg/亩)左右，父本 11.25～15 kg(0.7～1.0 kg/亩)。具体按父、母本比例确定。

播种量(kg/亩)=(亲本每亩保苗数×亲本千粒重)÷(10^6×亲本发芽率×亲本净度×田间出苗率)

田间出苗率一般为 80%～85%。

图 3-1-7　播种的种子(种子包)

3.行比、株行距、保苗数

根据父本花粉数量和散粉特点，采用 1∶4、1∶5、1∶6、2∶6、2∶8 等行比。根据父母本株型及生育特点，株距在 20～25 cm，行距 50 cm，或宽窄行 40 cm＋60 cm。中晚熟品种母本保苗数每公顷 6.00 万～7.50 万株（4 000～5 000 株/亩），父本 1.50 万～2.25 万株（1 000～1 500 株/亩）；早熟品种母本保苗数每公顷 7.50 万～8.25 万株（5 000～5 500 株/亩），父本 1.53 万～2.25 万株（1 000～1 500 株/亩）。

4.种肥

磷酸二铵每公顷施 150 kg。应按测土配方施肥的方法步骤进行。施肥时应将 80% 的磷肥及 5～6 kg 的尿素做底肥，最好在犁地前施入土壤。犁地前未施底肥的，在耕地前施入土壤。

5.播种

覆膜播种。要求：播种质量达到下种均匀（每穴 3 粒左右）、深浅一致（播深 5 cm）、覆土严、镇压确实。覆膜质量要求“直、平、严”。保证播种质量，确保一播全苗。

（二）工作要求

1.玉米亲本播前晒种，提高出苗率

晒种一般在播前一周进行，选晴天将种子均匀地摊在晒场上（注意不能直接摊放在柏油路面或水泥晒场上，防止温度过高烫伤种子），厚度 5～10 cm 为宜，白天经常翻动，夜间堆起盖好，一般连晒 3～5 d 即可。晒种后要注意测定发芽率，以便确定播种量。

2.播种机具的调试

（1）划行器的调整　应根据确定的行距调整划行器的长度。小四轮播种机的调整：若每个播幅为 2 倍膜长，以播种机的中心为基点，到划行盘的长度为平均行距的 4 倍，两边的划行器调整相同。采用大播种机械，右侧划行器应以驾驶座中心为起点，到划行器底部的距离为：播种行数×平均行距＋拖拉机中心到驾驶座中心的距离；左侧划行器应以驾驶座中心为起点，到划行器底部的距离为：播种行数×平均行距－拖拉机中心到驾驶座中心的距离。

（2）下籽粒数的调整　采用点播，根据播种机行走的速度和鸭嘴的大小确定与实际下籽粒数吻合的理论下籽粒数。

理论每穴下籽粒数＝（每亩播种量×平均行距×穴距×10^6）÷（千粒重×666.7）

理论每米下籽粒数＝（每亩播种量×平均行距×10^6）÷（千粒重×666.7）

定速行走时，若实际下籽粒数大于理论下籽粒数，应将鸭嘴调紧；相反则调松。

3.父、母本错期播种

玉米单交种制种，调节父、母本播期是保证花期相遇最有效的措施。玉米制种父、母本能同期播种的不是很多，大部分需要错期播种。错期的天数主要依据双亲花期相差的天数，一般经验是父、母本播种期相差天数为花期相差天数的 1～1.5 倍。如果亲本开花期相差 4～5 d，播期调整要错开 6～8 d。一般情况下，雄穗比雌穗早抽出 4～5 d，而吐丝后 2～5 d 授粉能力最强。当父本比母本抽穗早时，父、母本错期播种天数应该是父、母本抽穗相差天数再加上 4～5 d。当父、母本生育期基本相同时，可将母本早播 3～4 d，或将母本种子浸种 12 h 再与父本同时播种。

错期播种的方法：一般母本采用正播方式，根据母本调整父本播期和是否需要浸种。错期播种的父本一般采用人工点播的方式。下面举例说明几种错期播种的方式：

(1)60％父本(其中 30％浸种萌动，30％不浸种)与母本同期播种，播后 1 周再播 40％二期父本。

(2)母本播后 4 d 播 50％父本，1 周后播二期父本。

(3)母本田间 50％～60％幼苗出土时播 50％第一期父本，1 周后播 50％第二期父本。

(4)父本 50％浸种露白，50％干籽与母本同期播种，偏管父本。

(5)母本出苗 50％，达一叶一心时，播第一期父本，隔 7 d 播第二期父本，再隔 7 d 播第三期父本。

4.播种质量检查

播种过程中，应随时检查(表 3-1-5)。检查的内容有：

(1)播种深度　将表层的土轻轻拨到一边，到种子部位时，测量其深度。同时检查播种深度的变化，确定其是否均匀。

(2)均匀度检查　每穴下籽粒数有无变化，差异较大时，调整鸭嘴的松紧度，控制行走速度。条播时，检查每米种子粒数的变化，及时调整播种机。

(3)行距检查　测定行距有无变化，并查出变化的原因，以确定是否需要调整划行器。

(4)覆土情况　播种后覆土器刮土的量及均匀度，若覆土厚应将覆土器的角度调小；若覆土薄应将覆土器的角度调大。

(5)浮籽检查　随时检查有无浮籽及其数量，控制播种机的行走速度。

(6)镇压状况　对于土壤较干的地块，播种后必须镇压。土壤湿度较大时，镇压轮应松。

(7)覆膜质量　铺膜应平、紧，覆土情况良好。

(8)错位检查　采用地膜播种，检查有无错位情况及严重程度。若为播种机行走速度较快产生的错位，应控制行走速度。距离 2～3 m，数出每米的种子粒数及其均匀度，数量偏多，排种孔应调小；相反，应调大。

表 3-1-5　播种质量检查记录表

制种户名	播前整地质量	播种量	播深	覆土、镇压、墒情	覆膜质量

【业务知识与经验分享】

1.如何指导制种户做好播种工作

制订种子企业“玉米制种技术规程”，利用冬闲时间开展技术培训。在春播开始的时候选择技术水平比较高的示范户先开始播种，并召集制种户开现场观摩会，将播种方式、下种量、种肥量和播种技术等关键技术环节讲细讲透。在老制种区要不断总结经验教训，以典型事例说服制种户改进播种技术、提高播种质量。

2.父本分期播种时间的确定

一般父本花粉量较小，而且散粉时间较短，父本应分期播种。如果父、母本错期较短，父本分期播种时间应缩短，反之应延长。

3.播种质量检查方法

(1)播前整地质量　按“齐、平、松、碎、净、墒”六字要求进行检查。

(2)播量检查　一是检查是否按计划的播量刚好用完。如不够或多余就说明播量过多或不足。二是田间检查，每 3.3 hm^2 连片制种地为一个检验区，选 10 个检查点，每增加 1 hm^2 增加 1 个点，采用梅花式、单对角线式、双对角线式、棋盘式或巡回式布点。每个点检查 20 穴种籽粒数、平均穴距，横着测量 5 组宽窄行，求平均行距，然后根据百粒重可计算出实际播量。

(3)播深检查　结合播量检查，每穴用直尺实测覆土面到播种层的深度，求平均数。

(4)覆土、镇压、墒情　播种是否覆盖严密，种子是否播在湿土上(耙地后虚土下的湿润实土上)。播后镇压作业是否符合要求。

(5)覆膜质量　要求膜面平整、直，膜边、播种口覆土严实。

(6)父母本行严禁错行交叉，如发现要及时标记，并及时纠错处理，在档案中记录。

4.新引进的杂交组合如何通过调整父本播种避免花期不遇

一般种子企业对新引进的杂交组合生育特性了解不深，生产中经常出现花期不遇的问题。在这种情况下可以将父本分为 3 份，一份浸种，一份种子不做处理同期播种，最后一份迟播 5～7 d，从而延长父本的散粉期，保证制种成功。同时也可以通过播种父本保护行和采粉区的办法来解决。在制种田四周错期种 2～3 行父本为保护行，能有效减少外来花粉的影响和保证充足授粉。为防备花期不遇等不测情况，可单独错期种植一定比例的父本采粉区，面积可灵活掌握。

任务四　苗期管理与去杂

【任务目标与质量要求】

进行玉米苗期管理，查苗、放苗，及时间苗、定苗和中耕除草，结合间苗、定苗进行苗期去杂。确保父母本的计划株数，去除苗期杂株、可疑株。

【学习产出目标】

(1)查苗放苗、间苗、定苗。

(2)正确识别田间杂株,及时去杂。

(3)按时对种子田进行中耕除草。

(4)填写田间档案,做好质检记录。

【工作程序与方法要求】

一、查苗放苗、间定苗

(一)工作内容

1.玉米现行后,一查板结苗,二查错位苗,及时放苗

出苗期遇雨,立即用磙子或其他器具滚地,否则玉米播种穴上部土壤全部板结,扒苗工作量很大,且很难出全苗。对错位幼苗及时放苗,防止烫伤。

2.三叶期间苗,五叶期定苗

结合间苗、定苗去杂去劣,做到"四去一留",去杂苗、劣苗、病苗、优势苗,母本留整齐一致的典型苗,父本留大、中、小性状一致的典型苗。缺苗处可留双株。

(二)工作要求

(1)及时查苗、放苗、去杂、去劣、间苗、定苗。

(2)做好苗期进花期调节。

(3)记录好玉米制种田间档案(表 3-1-6)。

【业务知识与经验分享】

1.玉米苗期田间管理要点

玉米苗期是指玉米从播种至拔节的这段时间,不同品种的玉米苗期也不相同,早熟、中熟、晚熟玉米的苗期分别为 20 d、25 d、30 d 左右。玉米苗期主要营养生长,进行茎叶分化、增叶和长根,该时期的生长特点主要为地下根系快速生长,地上部分生长缓慢,因此在玉米苗期管理应该促进玉米地下根系和地上茎叶生长。如果玉米苗期管理不当,可能会出现弱苗、大小苗以及病残苗,直接影响玉米产量。管理要点如下:

(1)及时间苗、定苗　在玉米出苗后,应及时进行查苗、补苗,防止玉米密度过大或者过小,影响玉米产量。如果田间出现较为严重的缺苗,应及时进行补种或补苗,如果玉米幼苗已成苗八九成,则不必进行补苗,在缺苗周边留双苗即可。在玉米出苗后及时进行定苗、间苗。间苗、定苗一般在玉米幼苗 1～3 片叶展开时进行,以"去病留健、去弱留强"为定苗间苗基本原则。间苗一般在晴天的下午进行,此时病苗、弱苗容易发生萎蔫,方便识别。

(2)及时中耕　中耕松土可以起到疏松土壤、增强土壤中微生物的活动、促进幼苗生长等作用,在干旱天气还能防止水分挥发,起到防旱保墒的作用。在玉米苗期进行中耕,可以促进玉米根部的生长。一般要进行2~3次的中耕,第1次在定苗前进行,中耕的深度应控制在3~5 cm;第2次和第3次中耕应该在拔节前进行,中耕深度应控制在10 cm左右。

(3)及时追肥与防旱防涝防渍　如果土壤肥力不足,应提前进行追施苗肥,施肥时一般施磷肥、钾肥和氮肥,施肥量根据地力、种植密度以及幼苗生长情况等确定。施肥方式多采用穴施或者沟施,深度应控制在5 cm左右,并距离幼苗根部10 cm以上。当玉米出现卷叶等情况时,应及时进行灌溉。涝灾对玉米影响较大,大雨过后应立即对其进行排水防渍,防止因土壤中水分含量过高伤害玉米的根系,出现死苗。

2.田间查苗,如何调查田间出苗率及计算方法

(1)调查连续2行的苗数,数出所有的苗。条播的连续量出2~3 m长,数出相应的苗数。

(2)计算每穴(米)的苗数　用数出的苗数除以20穴和2~3 m,得出平均每穴中的苗数或每米的苗数。

(3)计算出苗率　出苗率=每穴(米)苗数÷每穴(米)下籽粒数×100%

3.间苗、定苗、去杂的标准

(1)母本间苗、定苗　一般要求母本应均匀一致,因此,在间苗、定苗时应根据亲本的植株特性,将小苗、特大苗、圆秆苗、杂苗、病苗除去,留大小一致的苗。

(2)父本间苗、定苗　应根据父本的特性,将杂苗、病苗除去,大小苗应均有,而且在行上均匀分布,保证有足够的花粉量,延长花期。

4.如何进行苗期花期调节

制种田父、母本花期是否相遇,在苗期就要进行预测和调节,采用"促慢控快"法,对生长慢的亲本采取早疏苗、早间苗、留大苗、适当稀留苗、早施肥、早松土、提高地温等措施,促其生长;对生长较快的亲本可迟间苗、留小苗、晚施肥、晚松土,控制其生长。

中耕断根法:父本雄穗散粉如果比母本吐丝早,则要加强母本肥水管理,并通过中耕切断父本的侧根。

对偏晚的亲本喷施赤霉素或磷酸二氢钾、尿素水(1%~2%)混合溶液,喷施叶面。对于花期错开太严重的,可以喷施赤霉素7.2 g/hm^2,切忌一次性喷施,要分2~3次喷施。

苗期结合间苗、定苗,根据幼苗的长相、叶色、叶型、叶鞘色、生长势等特征,去除异株、杂苗和过旺、过弱的苗,使幼苗整齐一致。

表 3-1-6　玉米制种田间档案记载表

<table>
<tr><td colspan="2">合同户编号</td><td colspan="4"></td><td colspan="3">户主姓名</td><td colspan="3"></td></tr>
<tr><td colspan="2">地块名称(编号)</td><td colspan="4"></td><td colspan="3">制种面积</td><td colspan="3"></td></tr>
<tr><td colspan="2">父本出苗期</td><td colspan="2"></td><td colspan="2">幼苗特征</td><td colspan="6"></td></tr>
<tr><td colspan="2">母本出苗期</td><td colspan="2"></td><td colspan="2">幼苗特征</td><td colspan="6"></td></tr>
<tr><td rowspan="3">叶龄记载</td><td></td><td>时间
(日/月)</td><td>叶片数</td><td>时间
(日/月)</td><td>叶片数</td><td>时间
(日/月)</td><td>叶片数</td><td>时间
(日/月)</td><td>叶片数</td><td>时间
(日/月)</td><td>叶片数</td></tr>
<tr><td>父本</td><td>/</td><td></td><td>/</td><td></td><td>/</td><td></td><td>/</td><td></td><td>/</td><td></td></tr>
<tr><td>母本</td><td>/</td><td></td><td>/</td><td></td><td>/</td><td></td><td>/</td><td></td><td>/</td><td></td></tr>
<tr><td colspan="2">出苗情况</td><td colspan="10"></td></tr>
<tr><td colspan="2">间定苗情况</td><td colspan="10"></td></tr>
<tr><td rowspan="4">中耕除草</td><td>1</td><td colspan="10"></td></tr>
<tr><td>2</td><td colspan="10"></td></tr>
<tr><td>3</td><td colspan="10"></td></tr>
<tr><td>4</td><td colspan="10"></td></tr>
</table>

记载人(签字)：　　　　　　　　　　　记载日期：　　年　　月　　日

审核人(签字)：

二、苗期去杂

（一）工作内容

结合间苗、定苗，根据幼苗叶色、叶鞘色、叶缘色、生长势，叶片形状、大小、有无茸毛、斑纹等性状，在熟悉父、母本苗期性状的前提下，清除异形苗、劣苗、病苗、怀疑苗、优势苗。

（二）工作要求

(1)确保父、母本留苗密度，达到苗期去杂要求。

(2)组织制种户做好苗期去杂工作。

【业务知识与经验分享】

1.苗期杂株的识别常识

玉米制种父、母本均为自交系。自交系与商品玉米相比均表现为生长势弱，而且受遗传特性影响，不同自交系在幼苗叶色、叶鞘色、叶缘色、叶片宽窄长短、有无茸毛、斑纹等性状方面表现不同。同一田块种子的父、母亲本，除极少数的杂苗、异品种苗、劣苗外，绝大多数苗外观应该一致。初次接触制种的亲本自交系时，除参阅相关资料了解苗期特性外，注意观察苗期外观，很容易区别其他杂、病、劣苗。有些自交系杂株在苗期不易识别，到拔节期以后才能表现出来。

苗期最易识别的是杂种苗，一般与邻近的自交系相比杂种优势明显，长势强、叶宽大、叶色深绿。

病苗、劣苗也易识别，结合间苗、定苗及时拔除。异品种苗要依据叶形、叶色和茎基部叶鞘色等幼苗典型性状来识别去除。如本自交系叶鞘为绿色，而苗期出现叶鞘紫色的苗，就要结合间苗、定苗及时拔除。

2.如何组织制种户做好苗期去杂工作

制种户，特别是新制种户进行苗期去杂时往往受商品玉米生产经验的影响，舍不得拔除优势苗，分不清杂苗、劣势苗。针对这种情况，企业生产部技术员可采取以下办法强化组织管理，确保去杂质量。

(1)针对制种户开展技术培训，在间苗、定苗前组织制种户进行去杂现场培训，示范杂株、劣株、病株的识别及去杂方法。

(2)实施苗期去杂田检制度。要求制种户苗期去杂后申请田检，经田检合格后发放田间记载表(表 3-1-8)或去杂田检合格证，并作为能够进入去雄工序的依据，否则实行种子待检制。以此促进和保证制种户去杂工作质量。

3.种子生产田间检验取样方法

玉米杂交制种田田间检验主要检查隔离条件，父、母本纯度，母本散粉株率，父本杂株散粉株率等。做好田间检验工作，取样是基础。

为正确评定品种纯度，田间检验员应制订详细的取样方案，方案要充分考虑样区（取样区域）的大小、样区频率和样区分布，并符合"4N"要求，即规定的杂株标准为 1/N，则总样本大小至少为 4N，如杂株率最低标准为 0.1%（即 1/1 000），其总样本至少为 4 000 株（穗）。

（1）种子田样区计数最低频率（表 3-1-7）。

表 3-1-7　种子田样区计数最低频率

面积/hm^2	母本样区数	父本样区数
少于 2	5	3
3	7	4
4	10	5
5	12	6
6	14	7
7	16	8
8	18	9
9～10	20	10
大于 10	在 20 基础上，每增 1 hm^2 递增 2 个样区	在 10 基础上，每增 1 hm^2 递增 1 个样区

（2）样区大小　玉米杂交制种，其父、母本可视为不同田块，父、母本分别检查和计数。样区大小为行内 100 株或双行各 50 株。有些种子企业采用少样区、大样点调查方法。0.67 hm^2 以下设 2 个样区，0.67～3.33 hm^2 设 3 个样区，3.40～6.67 hm^2 设 5 个样区，6.67 hm^2 以上每增加 6.67 hm^2 增加一个样区，每个样区取样 500 株或 1 000 株。

（3）样区分布　取样样区的位置应覆盖整个种子田，做到随机和广泛性。常见样区分布如图 3-1-8 所示。

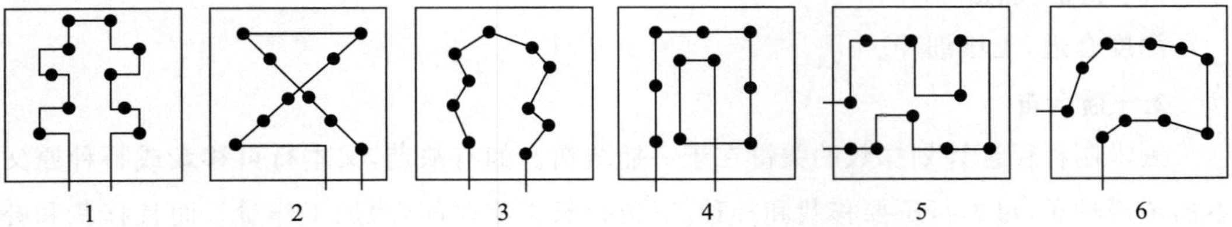

1.观察 75%的田块；2.观察 60%～70%的田块；3.随机观察；4.顺时针观察；5.观察 85%的田块；6.观察 60%的田块。

图 3-1-8　样区分布

表 3-1-8　玉米苗期去杂田间检验登记表

检查项目	检查记录	备注
隔离情况		
父母本种植规格		
苗期去杂情况		

记载人(签字)：　　　　　　　　　　记载日期：　　年　　月　　日

审核人(签字)：

三、中耕除草

(一)工作内容

玉米3～5叶期开始中耕,由浅入深,清除杂草,增温保湿,促进玉米根系生长。揭膜开沟施肥前,要求中耕3次。

(二)工作要求

1.不伤苗、埋苗

深度合适,土壤细碎。

2.一播全苗

玉米制种保证计划株数的关键在于一播全苗。如有缺苗,父本行可移栽或补种原父本的苗或种子,母本行不要移栽和补种,以免拉长去雄时间,增加工作量。而且移栽和补种的母本结实率低、成熟晚,很难形成制种产量。

【业务知识与经验分享】

除草剂使用注意事项

(1)作物品种　注意烟嘧磺隆对不同玉米品种安全性不同。玉米品种间敏感差异非常显著,多数甜玉米品种对烟嘧磺隆敏感,而少数玉米杂交种也比较敏感。烟嘧磺隆适用于马齿型、半马齿型、硬粒型玉米，其安全性顺序为马齿型>硬粒型玉米>爆裂玉米>甜玉米。对烟嘧磺隆中等敏感的品种，在不良环境条件下，如高温、低温、干旱、肥害、缺矿物质元素等情况下使用烟嘧磺隆，或使用量过大都有可能出现药害症状。甜玉米、黏玉米、爆裂玉米、自交系及制种田不宜使用以上除草剂。未使用过以上药剂的大田种植品种及转基因玉米（如抗虫品种），应先试验后应用。

（2）注意施药时期　最佳施药时期是玉米的3～5叶期，杂草的2～4叶期。玉米3～5叶期对烟嘧磺隆的代谢能力最强，6叶以后逐步降低，在玉米3叶以前，6叶期以后使用，均可能造成药害。

（3）注意温度影响　施药后遇低于10 ℃温度持续2 d，玉米代谢烟嘧磺隆缓慢，即出现药害。如果遇到连续高温干旱，玉米生长缓慢，对除草剂耐药性降低，分解药害的功能降低，烟嘧磺隆也会导致发生药害。施药应在早晨或傍晚进行，中午前后气温高，喷雾容易蒸发，影响药效。喷雾时要求气温在15～25 ℃，空气相对湿度65%以上。风速4 m/s以下时进行。按照要求选好喷雾器械和喷嘴并按喷药作业操作规范施药。

（4）注意药剂用量　用药量过大或重复施药易产生药害。杂草密度大，天气干旱情况下，相对用药量要高一些。随意增减用药量会造成效果不佳或者出现药害。

（5）除草剂不能混用　烟嘧磺隆混用其他除草剂易造成药害。药害症状：叶片浓绿、扭曲、葱状叶、植株畸形矮小、雄穗很难抽出，重者无雄穗。

（6）注意助剂选择　选用助剂不当会加重药害。选用人工合成的非离子表面活性剂、矿物油型助剂会加重药害。

（7）不能与有机磷农药混用　烟嘧磺隆不能与有机磷农药混用，施药前后7 d之内不能使用有机磷农药，否则均易产生药害。施药时避开心叶，防止药液灌心。也不能与防治蓟马的吡虫啉或啶虫脒一起混用，因为防治蓟马等害虫需要灌叶心。

（8）药物对后茬作物的影响　烟嘧磺隆对下茬小麦、大蒜、苜蓿、马铃薯、大豆等无残留药害，但对下茬种植甜菜、油菜、高粱、向日葵、马铃薯、菜豆、烟草、甘薯、番茄、南瓜、洋葱、茄子、辣椒、白菜、萝卜等作物有药害，下茬可种花生，但对覆膜花生有药害。

（9）药害补救措施　一般情况下，玉米本身的耐药性较强，烟嘧磺隆产生药害轻时，不需要处理，玉米生长只是暂时受到抑制，一段时间后即可恢复，不会影响产量；若药害较重，可以采取以下措施：及时浇水喷淋，并适当追施速效性肥料，也可喷施叶面生长调节剂，增加植株抗性，缓解药害，另外可加强中耕，增强土壤的通透性，促进根系的活动及对水肥的吸收能力，加快植株恢复生长。

（10）施药设备选择　不可使用弥雾机等动力机械全田大面积喷雾，风力高于3级禁止施药。以防药液漂移危害邻近敏感作物。

（11）限用次数　茎叶除草剂，每季作物只能使用一次。

（12）施药均匀及用水量充足　用药前要充分摇匀，药液要搅匀，喷药不要漏喷、重喷。药液量过少、喷不均匀或过多落入地面都影响药效。用水量要足，一般在 15 L/亩以上，如果达到 20～25 L/亩效果会更好。

(13)对莠去津敏感的作物　对莠去津敏感的作物有豆类、杨树、桃树、小麦、水稻、瓜类。莠去津残效期长，对后茬敏感作物，如小麦、大豆、水稻等有药害，可采用降低用药量或与其他除草剂混用的办法。与大豆、花生作物间作套种的玉米田禁用。

任务五　穗期管理与去杂、花期预测

【任务目标与质量要求】

按照制种技术规程，进一步做好去杂工作，根据父母本长势，做好花期预测，开始水、肥管理，防治玉米螟。

【学习产出目标】

(1)及时开展田间去杂去劣工作。

(2)根据玉米长势，适时开沟追肥灌溉。

(3)对花期进行预测，并进行花期调节。

(4)定期进行病虫害调查，并及时开展防治。

(5)填写田间档案，做好质检记录(表 3-1-9 至表 3-1-12)。

【工作程序与方法要求】

一、去杂

(一)工作内容

坚持多次去杂原则、父本严格去净原则。一般浇头水前，拔节至小喇叭口期集中去杂一次；浇水后，大喇叭口期再集中最后一次去杂。去雄前根据需要，重点针对父本进行去杂，此时植株高大，必须做到逐株检查，杂株要连根拔除，杜绝“砍头留棒”。去杂工作必须在去雄前结束，去杂田检合格后，进入去雄程序。

(二)工作要求

田检要求母本杂株不超过 0.2%，父本不超过 0.1%。

【业务知识与经验分享】

1.杂株率调查

杂株包括与被检品种特性明显不同(如株高、颜色、育性、形状、成熟度等)和有差异但不明显(只能在植株特定部位进行详细检查才能观察到，如叶形、叶耳、花)的植株，必须在玉米抽雄前彻底清理。调查杂株率在去雄前完成，记录样区内发现的杂株总数及杂株的不同特征。若在抽雄后发现杂株散粉，就要调查杂株散粉率，超过一定数值，种子田应报废处理。

对于品种纯度高于99.0%或每公顷低于100万株的种子田，计算品种纯度需要采用淘汰值。否则按以下公式计算：

$$杂株率=\frac{样区内的杂株数}{样区内供检本作物株数}\times100\%$$

$$父本散粉杂株=\frac{父本散粉杂株数}{供检父本总株数}\times100\%$$

2.母本散粉株率调查

在杂交玉米制种过程中，母本去雄是中心环节。国家标准规定，在任何一次检查中，发现散粉的母本植株数超过0.2%，或在整个检查过程中三次检查母本散粉株率累计超过0.3%时，所产种子报废。因此，在田间检验过程中要认真取点，逐行逐株检查，调查其散粉株率，并详细记录，以此来判定该批种子的质量级别。对于严重超标的，检验员应果断出具报废通知。检验时，凡母本雄穗上外露小花10个以上，全田的雌穗花丝有5%以上有接受花粉能力时即为1株散粉株（包括去雄不净的残枝，如果残枝散粉小花在5个以下时可不计算；如在5～10个则视为0.5株散粉株，两株计为一个散粉株）。

$$母本散粉株=\frac{母本散粉株数}{供检母本总株数}\times100\%$$

3.杂穗率

指剔除杂穗后的杂穗占总穗数的百分比。

二、开沟追肥灌溉

（一）工作内容

拔节期结合最后一次中耕、揭膜、开沟、培土等作业，每公顷追施拔节肥尿素450～600 kg。结合三水，在大喇叭口期每公顷穴施追肥尿素150 kg。可结合病虫害防治进行叶面追肥。如遇花期不遇按照方案进行水肥调控。6月中旬左右浇头水，然后每12～15 d浇一水，全生育期浇6～8次，保水性差的地块浇8～12次。

（二）工作要求

根据田间玉米长势、蹲苗情况适时追肥、浇头水。

【业务知识与经验分享】

1.玉米穗期管理要点

玉米穗期是指玉米从拔节到抽雄的生长阶段。玉米穗期阶段的生长发育特点是营养器官生长旺盛，地下部次生根层数和根条数、地上部茎秆和叶片生长迅速；与此同时，玉米雄穗和雌穗相继开始分化和形成。因此，穗期阶段是玉米植株营养生长和生殖生长并进的时期。穗期是玉米一生中生育最快，生长量最大，需肥需水最多的关键时期，氮磷钾的需要量约占全生育期的65%、55%和85%，需水量占30%左右。这一阶段田间管理的中心任务就是促叶壮秆、穗多、穗大，既保证植株营养体生长健壮，又要保证果穗发育良好，实现个体发育健壮，群体生长适度、整齐的丰产长相。穗期田间管理要点如下：

(1)及时适量追肥　穗期吸收的氮磷钾占全生育期的50%以上，是玉米需肥的最大效率期，因此，凡是安排穗期追肥或底肥使用量不足的地块均应及时追施玉米穗肥。追肥量按目标产量设定的施氮量确定，在基肥氮用量50%的基础上，一般每亩追施尿素20 kg左右，人工条施或机械条施入土壤中，施肥后及时满足水分供应，以利于肥效的发挥。

(2)及时灌溉和排水　玉米穗期要灌好2次水。第1次在大喇叭口前后，正是追攻穗肥适期，应结合追肥进行灌溉，以利于发挥肥效，促进气生根生长，增强光合效率。第2次在抽雄前后，灌水量适当加大。抽雄前后极易出现高温伏旱天气，易出现“卡脖子”旱，易发生因高温干旱导致的花粉败育。因此，抽雄前后一旦出现旱情，要及时灌溉。虽然穗期需水较多，但土壤过湿影响玉米根系生长，降低产量，因此，遇涝应及时排水，保持土壤水分在田间最大持水量的70%～80%。

(3)病虫害综合防治　穗期的虫害主要有玉米螟等。玉米螟在穗期主要在心叶中(喇叭口内)蛀食叶片，抽雄至吐丝阶段蛀食雌穗，在玉米开始结实以后则钻蛀秸秆和穗轴、穗柄。因此，防治玉米螟的最佳时期为大喇叭口期，抽雄以后再进行防治则会非常困难。玉米螟防治方法是采用虫酰肼或康宽喷雾。夏玉米穗期的主要病害有褐斑病、茎腐病等。褐斑病可在玉米6～8片叶时选用20%三唑酮加入磷酸二氢钾等叶面肥喷雾防治，注意均匀喷施在顶盖中心和叶片；茎腐病可在发病初期用农用链霉素4 000～5 000倍液或77%可杀得可湿性粉剂600倍液喷雾。

(4)其他田间管理　由于播种、病虫害等原因，造成玉米拔节后，田间产生一些小株、弱株。它们通常不结穗或结穗很小，既消耗肥水，又影响健株生长，因此应及早拔除小株、弱株，确保群体整齐度。因前期防治杂草不及时，致使田间杂草茂盛生长的地块，还要结合追肥及时中耕除草；选用的器械尽量减少滴、冒、跑、漏，以免对玉米造成影响。

2.制种玉米穗期的追肥标准如何确定

(1)追肥时间及量　应根据田间生长状况、花期相遇时间的预测、底肥使用的种类及数量，确定施肥总量、施肥种类并计算排肥量，计算方法同每米下籽粒数。氮肥施用较多，生长会延长，磷、钾肥施用相对较多时，有利于促进花生长，使开花提前，花期缩短。一般生长较弱的亲本，施氮肥量应多，而枝叶生长较旺盛的亲本，应注重使用磷肥，少施氮肥，钾肥应在拔节前后叶面喷施，一般 200～300 g/亩。

(2)深度检查　方法同播种深度检查一致。一般施肥深度应在 15 cm 以下。

(3)伤、埋苗检查　施肥时调查伤埋苗的数量，若大于 1%，必须调整施肥沟与苗的距离。

3.玉米制种花期如何预测

玉米花期预测要从苗期开始，采用叶片检查法、幼穗观察法对花期进行预测。当发现花期不能相遇时，应及早按"促慢控快"的原则进行调控。

(1)标叶调查法　在制种田里，根据双亲的总叶片数，选择有代表性的父母本各 3～5 点，每点各选典型株 10 株，定期标叶调查父母本的叶片数。根据双亲叶片数量，预测双亲发育速度，若母本已出的叶片数保持比父本多 1～2 片，表示双亲花期能够良好相遇。

(2)剥叶检查法　双亲拔节后，选有代表性的植株剥出未出叶片数，根据未出叶片数来测定双亲花期是否相遇。若母本未出叶片比父本未出叶片少 1～2 片，表明花期相遇良好。如超过 2 片或少于 1 片，则有可能相遇不好。从苗期开始要经常观察，分别观察父母本植株相差叶片数，在大喇叭口期检查准确度最高。

(3)幼穗分化查看法　拔节孕穗期，在制种田选择有代表性的样点，每点取有代表性的父母本植株 3～5 株，剥去叶片，检查幼穗大小，如果母本的幼穗分化早于父本 1 个幼穗时期，即预示花期相遇良好，否则就可能不遇。

4.玉米制种花期如何调整

经过花期预测，发现花期不协调时，要及时采取措施，使双亲发育协调，达到花期相遇的目的。

(1)栽培措施调控　对生长快的亲本采用迟间苗、留小苗、不施肥、不松土等控制措施以抑制生长；对生长慢的亲本采取早间苗、留大苗、多施肥、勤松土等促进措施加快生育进度。

(2)水肥促控法　在早期发现双亲发育不协调时，对发育迟缓的亲本给予偏追肥、偏浇水，促进其生长发育；对发育偏早的亲本采取深中耕断根法，抑制其生长发育。具体方式是：①拔节期对发育偏快的亲本不施肥；对发育慢的亲本增施磷钾肥，加强营养生长与生殖生长的转化，加快发育进程；②对发育偏早的亲本在可见叶 11～14 叶时，用铁锹靠近主茎 6～7 cm 周围上下直切 15 cm 深，断掉部分次生根，控制其生长发育。控制措施不宜过早和过晚，否则作用不大。

(3)剪苞叶、早抽雄　在将要抽雄时发现母本花期比父本晚，可采取母本提前去雄或多带叶去雄，这样可促使母本早吐丝 2～3 d。还可以采取母本雌穗剪苞叶，一般剪去 2～3 cm，可使花丝早吐出 2～3 d，并且吐丝整齐，有利于授粉。

(4)父本晚、母本早的情况下，可将伸长的母本花丝剪断，留 1.5～3 cm，避免花丝相互遮盖，一旦父本散粉，花丝就能立即接受花粉。如果在抽雄前发现父本晚时，对父本采取喷施2～3次二氢钾，可使父本提前2～3 d散粉；在小喇叭口期发现父本晚时，对父本采用40～60 mg/kg的赤霉酸喷洒，每公顷300～375 kg，可使父本提前2～3 d抽雄。

(5)人工辅助授粉　开花期遇雨、大风、高温、干旱天气时，授粉效果不好；或花期相遇不理想，做好人工授粉就比较重要了。

采粉株应选制种田或采粉区父本的典型健壮株，授粉时间最好在上午9:00—11:00。过早授粉，露水未干，花粉遇水容易吸胀破裂；过迟气温过高，花粉生活力降低。全田50%母本吐丝，就应进行人工辅助授粉。每天上午当雄花散粉后，将采集的父本花粉盛入套筒式授粉器(竹筒加工制作)内，在母本花丝上轻轻振动授粉器即可达到授粉目的。每天进行，连续进行3～5 d。开花期若遇雨天，应在雨停时用毛巾等擦去花丝上的水分，干后及时采花授粉。有些紧凑型父本的雄穗常被旗叶包裹不能抽出，应将雄穗旗叶剪掉或扒开，以利于散粉，提高母本结实率。河西地区采用绳拉或用长竿拨打父本雄穗让其花粉充分散开，授粉效果较好。方法是：根据母本吐丝情况一般每2～3 d进行1次，共进行3次。

三、防治病虫

（一）工作内容

采用Bt、白僵菌、赤眼蜂等生物制剂防治玉米螟。玉米螟产卵期，人工释放赤眼蜂；卵孵化阶段，喷施Bt可湿性粉剂；心叶期，采用白僵菌粉加细土配成菌土点心。玉米红蜘蛛、蚜虫发生严重时需要喷药防治。

（二）工作要求

田间检验过程中，需观察记载植株感染病虫的株数、异作物株数和杂草情况，从出苗至收获全过程进行。发现瘤黑粉病株要及时拔除。

【业务知识与经验分享】

病(虫)感染率、异作物率、杂草率的计算

$$\text{病(虫)感染率}=\frac{\text{感染病(虫)株(穗)数}}{\text{供检本作物总株数}}\times 100\%$$

$$\text{异作物率}=\frac{\text{异作物(穗)数}}{\text{供检本作物总株(穗)数}+\text{异作物株(穗)数}}\times 100\%$$

$$\text{杂草率}=\frac{\text{杂草(穗)数}}{\text{供检本作物总株(穗)数}+\text{杂草株(穗)数}}\times 100\%$$

表 3-1-9　玉米花期预测表

<table>
<tr><td colspan="2">条田号：</td><td colspan="2">组合：</td><td colspan="2">面积：</td><td>日期：</td></tr>
<tr><td>项目</td><td>取样点数</td><td>每点株数</td><td>平均已出叶片数</td><td>平均未出叶片数</td><td>雌、雄穗生育期</td><td rowspan="3">预测说明：</td></tr>
<tr><td>父本</td><td></td><td></td><td></td><td></td><td></td></tr>
<tr><td>母本</td><td></td><td></td><td></td><td></td><td></td></tr>
<tr><td colspan="7">父、母本花期预测结果：

预测人：</td></tr>
</table>

记载人(签字)：　　　　　　　　　　记载日期：　　年　　月　　日

审核人(签字)：

表 3-1-10　玉米制种田间档案记载表

<table>
<tr><td colspan="2">合同户编号</td><td colspan="3"></td><td colspan="3">户主姓名</td><td colspan="4"></td></tr>
<tr><td colspan="2">地块名称(编号)</td><td colspan="3"></td><td colspan="3">制种面积</td><td colspan="4"></td></tr>
<tr><td colspan="2">留苗密度</td><td colspan="10">母本：　　株/hm²
父本：　　株/hm²</td></tr>
<tr><td rowspan="3">叶龄记载</td><td></td><td>时间(日/月)</td><td>叶片数</td><td>时间(日/月)</td><td>叶片数</td><td>时间(日/月)</td><td>叶片数</td><td>时间(日/月)</td><td>叶片数</td><td>时间(日/月)</td><td>叶片数</td></tr>
<tr><td>父本</td><td>/</td><td></td><td>/</td><td></td><td>/</td><td></td><td>/</td><td></td><td>/</td><td></td></tr>
<tr><td>母本</td><td>/</td><td></td><td>/</td><td></td><td>/</td><td></td><td>/</td><td></td><td>/</td><td></td></tr>
<tr><td colspan="2" rowspan="2">追肥</td><td colspan="3"></td><td colspan="7">时间：　　肥料用量：</td></tr>
<tr><td colspan="3"></td><td colspan="7">时间：　　肥料用量：</td></tr>
<tr><td rowspan="3">去杂</td><td>小喇叭口期</td><td colspan="3"></td><td colspan="7"></td></tr>
<tr><td>大喇叭口期</td><td colspan="3"></td><td colspan="7"></td></tr>
<tr><td>去雄前</td><td colspan="3"></td><td colspan="7"></td></tr>
<tr><td rowspan="3">灌溉</td><td>头水</td><td colspan="3"></td><td colspan="7">时间：　　灌量：</td></tr>
<tr><td>二水</td><td colspan="3"></td><td colspan="7">时间：　　灌量：</td></tr>
<tr><td>三水</td><td colspan="3"></td><td colspan="7">时间：　　灌量：</td></tr>
<tr><td rowspan="2">病虫害防治</td><td>玉米螟</td><td colspan="3"></td><td colspan="7"></td></tr>
<tr><td>其他</td><td colspan="3"></td><td colspan="7"></td></tr>
</table>

记载人(签字)：　　　　记载日期：　年　月　日

审核人(签字)：

表 3-1-11　玉米去杂、去雄质量田间检验记录表

<table>
<tr><td colspan="2">检查项目</td><td colspan="3">检查记录</td><td>检查日期</td></tr>
<tr><td rowspan="3">去杂田检</td><td>小喇叭口期</td><td colspan="3">母本杂株率：　　父本杂株率：</td><td></td></tr>
<tr><td>大喇叭口期</td><td colspan="3">母本杂株率：　　父本杂株率：</td><td></td></tr>
<tr><td>去雄前</td><td colspan="3">母本杂株率：　　父本杂株率：</td><td></td></tr>
<tr><td rowspan="6">去雄田检</td><td>项目</td><td>母本散粉株率</td><td>父本杂株散粉率</td><td>母本杂穗</td><td></td></tr>
<tr><td>第一次</td><td></td><td></td><td></td><td></td></tr>
<tr><td>第二次</td><td></td><td></td><td></td><td></td></tr>
<tr><td>第三次</td><td></td><td></td><td></td><td></td></tr>
<tr><td>第四次</td><td></td><td></td><td></td><td></td></tr>
<tr><td>累计</td><td></td><td></td><td></td><td></td></tr>
</table>

记载人(签字)：　　　　　　　　记载日期：　年　月　日

审核人(签字)：

表 3-1-12　玉米杂交种田间检验结果单

<table>
<tr><td colspan="2">繁育单位</td><td colspan="3"></td></tr>
<tr><td colspan="2">作物名称</td><td>玉米</td><td>品种组合名称</td><td></td></tr>
<tr><td colspan="2">繁育面积</td><td></td><td>隔离情况</td><td></td></tr>
<tr><td colspan="2">取样点数</td><td></td><td>取样总株数</td><td></td></tr>
<tr><td rowspan="3">田间检验结果</td><td>父本杂株率</td><td></td><td>母本杂株率</td><td></td></tr>
<tr><td>母本散粉株率</td><td></td><td>异作物率</td><td></td></tr>
<tr><td>杂草率</td><td></td><td>病(虫)感染率</td><td></td></tr>
<tr><td colspan="2">田间检验结果
建议或意见</td><td colspan="3"></td></tr>
</table>

检验单位(盖章)　　检验员：　　　　　检验日期：　年　月　日

任务六 去 雄

【任务目标与质量要求】

组织好去雄工作,确保去雄质量。

【学习产出目标】

(1)组织人员及时去雄。

(2)填写田间档案,做好质检记录(表 3-1-13、表 3-1-14)。

【工作程序与方法要求】

一、花期去雄

(一)工作内容

因地制宜,采取摸苞带叶去雄技术。一般在田间母本摸苞率达 70%～80%,父本摸苞率达 20%时,将已经膨大的雄穗苞带 1～2 叶抽出,带出地外,采取掩埋、水沤等方法处理。雄穗苞较小的可以等其膨大后再抽。争取 4～5 次抽雄即完成去雄工作,时间延续 10～15 d。去雄期间集中劳动力,风雨无阻,天天进行,做到制种田无一母本雄穗,无一散粉株。杜绝残留“鸡爪”雄穗,清理未成穗小苗。填好相关田检记录表和管理记载表。

(二)工作要求

(1)两天一次大检查,技术员田检不少于 3 次。母本雄穗散粉株 3 次积累不大于 0.1%。

(2)母本雄穗能用手摸到,或露出顶叶 1/3 时,及时带 1～2 片叶将雄穗去除。拔除雄穗时,手要摸到雄穗基部才能拔出,防止断枝、残枝。

【业务知识与经验分享】

1.抽雄开始前的准备工作

(1)检查制种基地周围隔离带情况,是否符合制种标准,发现不符合标准的要及时解决,防止出现外来粉。

(2)制种地隔离带要求在 300 m 以上,中间不允许有玉米杂交种出现,如发现要及时清理干净,以保证制种纯度,提高种子质量。

(3)了解制种户各家的基本情况、劳动力情况、制种面积、有无与制种抽雄时间发生冲突的其他工作等,做到心中有数。

(4)缺乏劳动力的家庭要尽早做好雇工的准备,防止抽雄时期出现用工难的问题。

(5)建立检查小组随时跟踪检查,技术人员要到岗到位,每天到地里检查苗情长势,做好抽雄前的准备工作。

(6)建立制种档案,按地块做好记录,详细记载每块地的各类情况,要心中有数,保证整个抽雄工作有条不紊。

2.抽雄时间的确定

如果母本植株长势均匀,有70%以上的雄穗可以用手摸到,就可组织农民去雄,这样就可保证在母本吐丝前去雄工作结束,一般进行2～3次就可达标。若制种田植株大小苗情况严重,有时母本第一次去雄只能去掉50%,这样整个抽雄工作可能要进行5～6次。因此前期管理技术落实很重要。

3.抽雄技术的标准及要求

(1)母本抽雄时看不见雄穗出来,雌雄穗不能相遇,防止抽雄不及时造成跑粉现象,发生自交,影响种子质量。

(2)带叶摸苞去雄,即用手摸玉米顶端苞叶能够摸到雄穗,带1～2片叶及时去掉雄穗。一般经验是"一平、二增、三减产",带3片以上叶就减产。具体方法,抽雄人员一手抓住植株主干顶端5～6叶处,一手摸到雄穗基部用力一次性拔出,防止断枝、残枝。拔出的雄穗不能随手乱扔,必须带出种子田或深埋,不能置于地表或挂在植株上。

(3)去雄时拇指和食指尽量摸到心叶,严禁撕碎叶片把雄穗抽出,以免损伤顶端功能叶。

(4)摸到茎部带叶整个抽出雄穗,严禁折断雄穗,形成遗留秃桩、残枝等,造成小穗再次发出。

(5)抽雄过程中决不允许母本出现雄穗或散粉后再抽穗,以免造成不必要的损失。

(6)抽雄穗时,应该采取单行、单株逐个用手去摸,切不可采取一次双行或者多行同时进行抽雄穗,同时要注意双株苗、多株苗的地块,防止遗留单株苗造成跑粉现象。

(7)苗情长势均匀的地块力争抽雄进行2遍就彻底结束,存在二、三类苗的地块,抽雄工作要求3遍全部结束。小苗、老苗在抽雄前或在抽雄时就地全部处理,以免影响整个抽雄工作,保证种子质量。

4.抽雄期的田间管理

(1)在抽雄工作开始之前,要提前做好准备工作,按地块定制好牌子,写明各家地块名称,户主姓名、地块面积、联系电话号码,要求有几块地就写几块牌子,并编号做好记录,建立档案。

(2)准备好编织袋,把抽下的雄穗随时装袋,拿到地头挖坑就地深埋或拉回家里进行处理,每次抽雄前都要准备好编织袋。

(3)严禁把抽下的雄穗遗留在地里,不准在田间、地头、道路上随处乱扔或散落,必须清理干净。

(4)抽穗期间必须做到天天下地,风雨无阻。服从技术人员的管理指导和听从当地制种负责人的通知。

(5)根据抽雄的进度,技术人员和检验组成员要随时检查验收,记录在生产档案,发现情况要及时和制种户沟通加以解决,根据抽雄的质量,作为评定等级的依据。

5.玉米抽雄和除杂株的质量要求

(1)在抽雄之前,要提前对制种的父母本进行检查,发现杂株要及时清除掉,保证亲本纯度,田间检验标准为杂株率≤0.02%。

(2)母本抽雄标准为母本散粉株率每次不超过0.02%,三次累计不超过0.06%。

6.如何强化去雄工作管理

玉米去雄工作时间紧、任务量大、质量要求高,要周密计划,切实可行。一般种子企业在去雄期间要调配足够的技术人员,组织去雄质量田间检查队伍,要求队长负责组织制种户建立突击去雄人员调配机制。

制种户按要求去雄期间及最后一次去雄后,再进行2～3次自查,彻底清除遗漏株。技术员每天轮流进行去雄田检并记录。发现散粉的母本植株数超过0.1%,即对制种户进行警告,如制种户无法纠正问题,必要时动用专业去雄队突击解决,费用由制种户承担。

实行质量待检制度。对有田检质量不达标记录的田块,当年只按商品玉米价格付款,待室内鉴定或第二年田间鉴定后,合格者按种子收购价补款,不合格的种子转商品粮处理。

7.抽雄期遇到突发事件的应急措施

(1)一旦某户发生突发事件,抽雄质量将要受到影响时,制种户要主动及时向制种基地负责人打招呼,由负责人及时组织人员进行抢抽工作。

(2)当制种户的某个地块母本出现散粉株、影响制种质量时,技术人员有权利将该散粉株周围3 m^2 以内的植株全部砍除掉。

(3)玉米制种面积过大和缺乏劳动力时,制种户就要及时做好准备,发现将要露出雄穗时就要及时雇工和组织人员帮忙进行抽雄,以保证抽雄一次性到位,保证种子的质量。

(4)抽雄工作结束之后,要及时做好追肥、浇水工作,做好病虫草害的防治工作,增施粒肥,增加玉米粒重,通过站秆、扒皮、晾晒等措施和手段来完成整个制种工作。杂交种的生产中最重要的就是抽雄工作,决定着种子纯度的高低,严格的制种管理才能有好的种子质量,按照制种标准严格要求,运用合理的技术手段来支持,才能保证种子生产的安全,保证制种户的产值最大化,为制种企业带来经济效益,为粮食的增产提供有力支持。

表 3-1-13　玉米去杂、去雄质量田间检验记录

<table>
<tr><td colspan="2">检查项目</td><td colspan="3">检查记录</td><td>检查日期</td></tr>
<tr><td colspan="2">去雄前</td><td colspan="3">母本杂株率：　　　　父本杂株率：</td><td></td></tr>
<tr><td rowspan="6">去雄田检</td><td>项目</td><td>母本散粉株率</td><td>父本杂株散粉率</td><td>母本杂穗</td><td></td></tr>
<tr><td>第一次</td><td></td><td></td><td></td><td></td></tr>
<tr><td>第二次</td><td></td><td></td><td></td><td></td></tr>
<tr><td>第三次</td><td></td><td></td><td></td><td></td></tr>
<tr><td>第四次</td><td></td><td></td><td></td><td></td></tr>
<tr><td>累计</td><td></td><td></td><td></td><td></td></tr>
</table>

记载人(签字)：　　　　　　　　　　　　记载日期：　　年　　月　　日

审核人(签字)：

表 3-1-14　玉米杂交种田间检验结果单

<table>
<tr><td colspan="2">繁育单位</td><td colspan="3"></td></tr>
<tr><td colspan="2">作物名称</td><td>玉米</td><td>品种组合名称</td><td></td></tr>
<tr><td colspan="2">繁育面积</td><td></td><td>隔离情况</td><td></td></tr>
<tr><td colspan="2">取样点数</td><td></td><td>取样总株数</td><td></td></tr>
<tr><td rowspan="3">田间检验结果</td><td>父本杂株率</td><td></td><td>母本杂株率</td><td></td></tr>
<tr><td>母本散粉株率</td><td></td><td>异作物率</td><td></td></tr>
<tr><td>杂草率</td><td></td><td>病(虫)感染率</td><td></td></tr>
<tr><td colspan="2">田间检验结果
建议或意见</td><td colspan="3"></td></tr>
</table>

检验单位(盖章)　　检验员：　　　　　检验日期：　　年　　月　　日

任务七　花粒期管理与砍除父本

【任务目标与质量要求】

做好玉米后期水肥管理和病虫害防治工作，及时砍除父本，确保制种产量。

【学习产出目标】

(1)根据作物需水要求进行合理灌溉。

(2)开展田间病虫害调查，及时开展防治工作。

(3)及时砍除父本。

(4)填写田间档案，做好质检记录。

【工作程序与方法要求】

一、灌溉与病虫害防治

(一)工作内容

(1)按要求12～15 d灌溉一次，8月底停水。

(2)玉米红蜘蛛、三点斑叶蝉、蚜虫发生严重时需要喷药防治。

(3)发现瘤黑粉病株要及时拔除。

(二)工作要求

土壤湿润、无病虫害，有利于灌浆结实。

【业务知识与经验分享】

1.花粒期管理目标

玉米的花粒期，一般是指从抽雄到结粒成熟的这个时间段，通常在两个月左右，此时，多处于盛夏，正值高温，而这时的玉米营养生长基本结束了，此时期的生长特点是开花散粉、受精结实，属于生殖生长时期，是对穗粒数、粒重、干物质的积累影响至关重要的一个环节，此时期的管理对于产量来说非常关键。所以花粒期的重点管理目标就是促进抽穗，保证正常开花、提高结实率，增加粒重，尽可能为干物质积累创造有利条件，提高产量。

2.花粒期施肥时机

增施攻粒肥。攻粒肥要早施，一般在抽雄开花授粉之前就要进行，以速效氮肥为主，结合浇水，特别是对于一些地力不是很好的地块，这时施足攻粒肥，能起到防止植株过早衰败的作用，能很好地养根及保叶，在灌浆时营养充足，能提高干物质的积累，增加粒重，有效提高产量。

3.花粒期灌水要求

浇好开花水和灌浆水。玉米植株高大，叶展较宽，对于水肥的需求都是很大的，特别是花粒期的玉米，需水处于临界期，此时的耗水量能占到总需水的一半左右，而且处于夏季，温度较高，叶片的蒸腾量大，所以要及时补充水分，发现土壤含水量低于70%就要适当浇水。玉米抽雄开花期前后，如果水分不足，就会影响雄穗抽穗，降低花粉、花丝的活力，导致散粉时间短，推迟花丝抽出时间，对于授粉、受精都十分不利，会造成秃尖、秕粒、缺粒或空秆，产量自然会受到极大影响。在灌浆时，植株对于水分的需求仍然较多，这时也要适时灌水，充足的水分对于植株旺盛生长、保持叶绿持久有利，能延长光合作用的时间，这对于灌浆十分有益，加快灌浆，可增加粒重，达到提高产量的目的。这时如果缺水，叶片进行光合作用制造的有机物质不能及时运送到籽粒中去，会造成籽粒瘦小，粒重低。

4.如何促进正常植株产量

在玉米的种植过程中，要想夺取高产，必须要抓好各个环节管理，从细节上下功夫。比如地块选择、品种选用、种子处理、播种、水肥管理、病虫害防治等环节，都要管理到位，才能取得好的产量。除了按制种规程要求进行田间管理，还可采取以下措施。

(1)拔除空秆小株　由于各种原因，玉米田中常会出现一些空秆植株或低矮弱小植株，这些植株会和正常的植株抢夺水分和养分，同时对于通风也会产生影响，影响正常植株的光合作用，一般情况下，要在授粉的末期把这样的植株及早除掉，以利于集中把养分和水分留给正常的植株，促使正常植株穗大粒多、长势饱满、提高产量。

(2)浅中耕除草　中耕对于改善土壤特性、增加透性、提高地温、促进根部发育等的效果是十分明显的，除草能减少杂草对养分、水分的争夺，所以在玉米的花粒期，灌浆以后进行浅锄一次，对于促进土壤养分转化和根系吸收、防止早衰、提高粒重是十分有效的。

二、砍除父本

(一)工作内容

授粉结束后5 d内，从根部彻底砍除父本。

(二)工作要求

砍除彻底、无遗漏。

【业务知识与经验分享】

如何督促制种户及时砍除父本

及时砍除父本有利于母本的通风透光，能促进灌浆、提早成熟、提高发芽率和制种产量。同时，避免玉米制种中机械混杂。但制种户对于砍除父本往往很不情愿，特别在父本比例较高，或者母本长势不好、预计收成欠佳时，此种情况更甚。因此，对于此项工作要严抓狠抓，同时还要做好解释和说服工作。

三、站秆扒皮

(一)工作内容

蜡熟期剥去部分母本果穗皮。

(二)工作要求

对于生育期长的品种或后期天气不好,预计籽粒不能在晒场晾晒至水分达标,可于蜡熟期(即手捏籽粒有弹性时),籽粒基部出现黑粉层时,将母本果穗皮剥去2/3,最好使果穗全部裸露出来,防止果穗基部苞叶积水致使籽粒发芽、发霉,促使籽粒水分散失和尽早成熟。

任务八　收获、穗检与晾晒

【任务目标与质量要求】

适时收获、晾晒,实施穗检验收,保证收获质量。

【学习产出目标】

(1)按时组织收获,按要求晾晒。

(2)进行杂穗穗选工作。

(3)按规范进行晾晒清选。

【工作程序与方法要求】

一、收获晾晒

(一)工作内容

9月中旬收获。收获后立即清理苞叶、花丝等杂物,摊薄晾晒,频繁翻晒。

(二)工作要求

籽粒含水量降到18%以下。

【业务知识与经验分享】

玉米成熟的特征

玉米完全成熟的标志是籽粒乳线消失,籽粒变硬,微干缩凹陷,果穗苞叶干枯发白、松散(图3-1-9)。籽粒乳线是玉米开花授粉后28～30 d出现的。当淀粉在籽粒顶部充实沉积,开始形成固体,下部仍为乳浆状液体时,形成固体和液体的交界面,从外部看该界面形成一条线,这就是乳线。乳线从出现到消失,玉米要历经乳线形成期、半乳线期和乳线消失期三个时期,共计20 d左右。

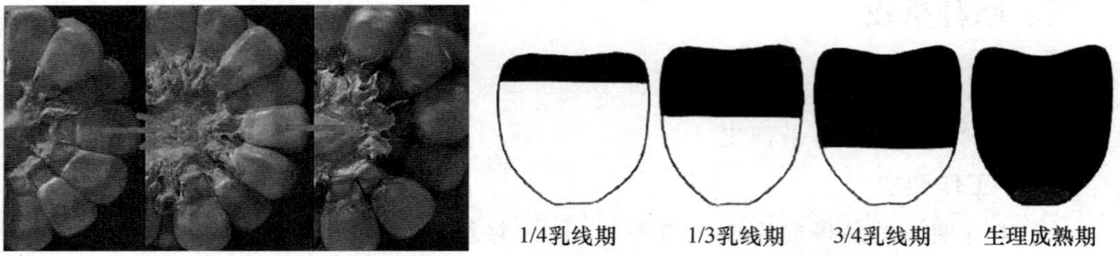

图 3-1-9 玉米的成熟特征——乳线

二、杂穗穗选

（一）工作内容

在翻晒过程中，选除杂穗。翻一次选一次，直至技术员检查合格。达到脱粒水分标准后，取得“准脱卡”，进行脱粒。

（二）工作要求

杂穗率在 0.1%以下。

【业务知识与经验分享】

玉米穗检方法

新疆玉米穗检一般在晒场进行，制种户在申请“准脱卡”前，技术员到晒场进行穗检。在晒场随机取 5～10 个检验点，每个检验点顺序检查 100 穗，计算杂穗率。

杂穗识别方法：杂穗主要根据粒型、粒形、粒色、穗轴色来鉴别，凡此四个性状中有一项不符合本品种特征的，即为一个杂穗；果穗上杂粒占 2%，视为一个杂穗。玉米有直感现象，母本的自交籽粒为白色，果穗上自交的白色籽粒与杂交籽粒相间，俗称“花棒子”，脱粒前应去除。

三、晾晒清选

（一）工作内容

玉米籽粒含水量过高，如遇低温不能及时干燥会直接影响种子发芽率。脱粒后及时摊薄、翻晒。

水分降至要求后，清选后交售。高水分玉米种子遇低温（2～3 ℃）要起堆苫盖。

（二）工作要求

籽粒含水量 13%以下。如新疆秋季气温不稳定，收获后要抓紧时间摊薄翻晒，尽快降低含水量。

【业务知识与经验分享】

怎样加速玉米晾晒

制种户玉米晾晒多使用土晒场、柏油路面或专门的水泥晒场。很多制种户也选用戈壁阳坡多风地段做晒场，可加速籽粒失水。玉米晾晒不能摊得太厚，一般 10 cm 左右为宜，早晨摊开后用木铣做成东西向的波浪形，增加受热面和失水面。每天翻晒 2～4 次。深秋露水大时，每天要把种子起堆，用苫布覆盖。

如果玉米种子自然干燥含水量不能达标，种子企业需要采用人工干燥的办法处理种子。

表 3-1-15　玉米制种田间档案记载表

合同户编号		户主姓名	
地块名称(编号)		制种面积	
收获株数	母本：　　株/hm^2		
预计单产	kg/hm^2	预计总产	kg/hm^2

记载人(签字)：　　　　　　　　记载日期：　年　月　日
审核人(签字)：

表 3-1-16　玉米田间穗检记录

检查项目	检查记录	检验人
杂穗率		

检验单位(盖章)：　检验员：　　　检验日期：　年　月　日

任务九 检验与收购

【任务目标与质量要求】

技术员完成种子检验收购。

【学习产出目标】

(1)对交售玉米籽粒进行水分检测。

(2)对种子批进行取样装袋留存。

(3)交售现场,取样检验种子水分和净度。

(4)合格种子,进行种子袋定量包装。

(5)填写种子名称标签,并放在袋内外。

(6)按规定入专库存放。

【工作程序与方法要求】

一、检验

(一)工作内容

对籽粒水分进行检测。

(二)工作要求

籽粒水分检测合格(水分达到13%以下)。

【业务知识与经验分享】

如何进行玉米种子含水量和净度检验

按照玉米检验的规定,一个种子批最大量是4 t,取样1 kg用于测定含水量和净度。用扦样器在交售的种子袋中随机取样并混合。种子含水量检测目前基本都是用水分速测仪,测定3个分样,结果数据差距在0.2%以内,求平均值。否则,应重新测定。净度分析选用7 mm筛子,按要求进行测试。

二、收购

(一)工作内容

对籽粒水分进行检测。

(二)工作要求

籽粒水分检测合格(水分达到13%以下)。

【业务知识与经验分享】

交售时，技术员对种子批进行取样装袋留存。并在种子袋上标注制种户、杂交组合等信息用于玉米室内检验。交售时，技术员需要取样检验种子水分和净度。国家规定的标准是含水量≤13%，净度≥99%。含水量严重不合格的应重新晾晒，超过1～2个百分点的予以扣除；净度结果也如此处理。

水分和净度合格的种子，可直接用种子袋定量包装。袋内外都要有种子名称标签，注明质量等级、生产年份、数量和制种农户，登记后专库存放，专人保管，定期检查。

第二节　小麦制种技术

【专业知识准备】

一、小麦良种生产现状

小麦是世界上种植面积最广，总产量最高的粮食作物，全世界 35%～40% 的人口以此为主食，目前世界小麦供需缺口常年在 1 亿 t 左右。随着人口的增加和消费水平的提高，未来全球对小麦的需求仍将呈大幅度增长趋势，由此引发的粮食安全问题已引起国际社会的广泛关注。我国是世界最大的小麦生产国和消费国，小麦是中国第三大粮食作物。近十年我国小麦生产连续丰收，种植面积稳定在 2 390 万 hm^2，2017 年小麦总产量达到 1.29 亿 t，占世界小麦生产总量的 17%和消费总量的 16%，小麦单产也从 1978 年的 1 840 kg/hm^2 提高到 2017 年的 5 410 kg/hm^2，在全球范围内已处在较高水平。

小麦产业已成为我国国民经济发展和国家粮食安全的重要保障。在我国幅员辽阔的大地上，小麦适宜种植范围十分广泛，北起黑龙江、南至海南岛、东临三江汇合处、西到帕米尔高原，包括新疆北部、西藏南部、台湾北部均有小麦种植。目前，我国已经形成了黄淮海、长江中下游和大兴安岭沿麓三大优质专用小麦产区。适应机械化收获的高产、矮秆、抗逆、优质的品种得到大面积普及，优质麦产业有较快发展，但品质类型仍不能完全满足市场需求。近 5 年我国生产中大面积推广的小麦品种，强筋类小麦占 21.2%，中强筋类小麦占 19.7%，中筋类小麦占 55.5%，弱筋类小麦占 3.6%，相对于过去优质强筋、弱筋小麦严重短缺的局面，我国小麦品质类型分布趋于合理。同时劳动力和生产资料成本的提高越来越限制了小麦产业的竞争力，今后需要重点发展绿色、高效、营养、健康的小麦产业，建立种植—收贮—加工—产品的产业链条。

小麦种业在我国的种业中同样占有重要的地位。据统计，我国小麦种子田常年在 1 200 万亩左右，年产种 460 万 t，产种数量列各类农作物种子的首位，种子供应自给有余。从 2015 年的数据来看，小麦种子市值为 154 亿元，仅次于玉米和水稻。近年来，我国小麦种植面积一直稳定在 2.41 亿 hm^2 左右，按用种量 150～300 kg/hm^2，商品化率

45% 计算，常年交易种子总量 17 亿 kg 以上。大力发展小麦种业，对于维护我国小麦产业健康可持续发展、保证粮食安全、增加农民收入、繁荣农村经济具有重要的意义。

表 3-2-1　我国小麦优势产区种子市场份额

产区	区域分布	面积/万 hm^2	占全国面积/%	市场规模/亿元
黄淮	黄淮南片：河南（除南阳、信阳）、安徽、江苏北部、陕西关中地区	866.67	35.91	23.40
	黄淮北片：山东、河北中南部及山西南部	600.00	24.86	12.96
长江中下游	苏皖南、湖北北部及河南信阳	400.00	16.57	10.80
西北	北部：北京、天津、河北北部、新疆	200.00	8.28	10.80
	西部：甘肃、宁夏、青海、陕西北部、内蒙古河套地区	200.00	8.28	0
西南	重庆、四川、贵州、云南	133.33	5.52	0.05
东北	黑龙江、吉林、辽宁及内蒙古东部	13.33	0.55	0.40

注：种植面积 2.41 亿 hm^2，用种量 150～300 kg/hm^2，商品化率 45%，结算价 3.6 元/kg，市值 58 亿元。

二、小麦商业化育种发展现状

近 30 年以来，全国育成省级以上审定的品种超千个，年推广面积超过 66.7 万 hm^2 的品种超过 60 个，主产区进行了 3 次品种更新换代，满足了小麦生产对品种的需求。自 20 世纪 80 年代以来，我国小麦面积从 2 933.3 万 hm^2 下降到 2 400 万 hm^2，每 667 m^2 产量从 127.60 kg(1980 年，国家统计局)提高到 360.67 kg(2017 年，国家统计局)，保证了国内对小麦消费的需求，其中品种贡献率达 50% 以上。同发达国家相比，我国小麦育种居于世界先进水平，产量水平远高于同中国生产条件相当的美国(2017 年平均产量为 236.28 kg/667 m^2，美国农业部报告)，略低于生产条件优于中国的欧盟(2016 年平均产量达到 397.41 kg/667 m^2，美国农业部报告)。

根据历年国家农作物品种审定委员会发布的国家审定小麦品种公告统计，2000—2017 年通过国家审定的小麦品种总计 468 个，其中公益性教学科研单位育成 352 个，占比 75.21%；企业自育 90 个，占比 19.23%；科企合作育成 26 个，占比 5.56%，企业自育或合作育种比例达到 1/4。

近年来，遗传基础狭窄已成为我国乃至世界作物育种工作的瓶颈。国内小麦育种种质资源材料的收集、改良和创制等也同样面临着创新不足的情况。亲本选配主要围绕在生产上大面积推广、表现优秀的品种，导致新培育的品种(系)间遗传相似性不断提高，遗传基础愈加狭窄，育成原创型、突破性种质资源材料(品种)的可能性越来越低。

目前，我国小麦育种仍以常规育种技术为主，辅之以相对成熟且对技术要求较低的分子标记、诱变和远缘杂交技术，而 DH(单倍体育种)技术、生物工程和基因编辑等新一代育种技术应用较少，育种技术手段和整体水平有待提升。

三、小麦良种繁育基本知识

（一）小麦良种繁育方法的选择

小麦原种生产的方法一般常采用“二圃制”“三圃制”法，近年研究应用株系循环法、四级种子生产程序、“一圃三级”等方法。采用哪种方法，要根据生产实际情况决定。

如果一个品种在生产上利用的时间较长，品种的各种优良性状有不同程度的变异、退化或机械混杂严重，而且又没有新品种代替时，可用“三圃制”生产原种。

如果一个品种在生产上种植的时间较短，混杂不严重时，或新品种开始投入生产时，性状尚有分离，需要提纯，可用“二圃制”生产原种。对遗传性稳定的推广品种和经审定通过的新品种，可用“一圃三级”生产原种。

当新品种在区域试验和生产示范中表现优良时，即可提早建立保种圃，采用“株系循环法”，将原种生产同新品种推广同时进行。

当育种者能提供足够量的育种家种子（原原种），能够确保种子纯真优良，可采用“四级种子生产程序”生产原种。

（二）小麦的阶段发育与品种类型

小麦在通过每一个发育阶段时，都要求一定的温、光、肥、水等综合外界条件，但其中有一个条件起主导作用，若这个条件不能满足小麦要求，即使其他条件再好，小麦也不能通过相应的阶段发育。目前了解得比较清楚并和生产关系密切的有春化阶段和光照阶段。

1.春化阶段

一定时间的低温是小麦通过春化阶段的主导因素。根据小麦通过春化阶段要求温度的高低和时间长短不同，可将小麦品种分为以下 3 种类型。

（1）冬性品种　春化阶段的适宜温度为 0～3 ℃，经历 35 d 以上（有的品种长达 50～60 d）；0 ℃时春化速度降低，－4 ℃时基本停止进行。不满足春化条件，不能正常抽穗。新疆冬小麦均属于此类型。

（2）弱（半）冬性品种　春化阶段适宜温度为 0～7 ℃，经历 15～30 d。未经过春化处理的种子春播后不能正常抽穗或抽穗不整齐，在新疆北疆地区的越冬性较差，死苗率较高。

（3）春性品种　春化阶段的适宜温度为 0～12 ℃，经历 5～15 d；北方春播品种在 5～20 ℃条件下，可完成春化阶段发育。不经低温春化处理，春播也能正常抽穗。新疆种植的春小麦均属于此类型。

新疆冬小麦一般在平均气温为 14～18 ℃时播种，有利于发芽，但不进行春化发育，当气温降至 10 ℃以下时，才进入春化阶段，当小麦穗发育进入到二棱期时基本结束。处于春化阶段时期，小麦的抗寒性较强。

2.光照阶段

小麦通过春化阶段后，在适宜的条件下即可进入光照阶段。每日一定的日照时数是小麦通过光照阶段的主导因素。根据小麦不同品种对光照长短的反应，可分为 3 种类型。

(1)反应迟钝型　在每天8～12 h日照条件下,经历16 d以上能正常抽穗。一般春性品种属此类型。

(2)反应中等型　在每天8 h日照条件不能抽穗,在12 h日照条件下,经历24 d可以抽穗。弱冬性品种属此类型。

(3)反应敏感型　在每天12 h以上日照条件下,经历30～40 d才能通过光照阶段而抽穗。冬性品种一般属此类型。

在田间条件下,光照阶段发育除受光照时数影响外,还取决于温度及养分等条件。光照阶段发育的最低温度为4 ℃,温度为15～20 ℃最适宜。因此,新疆冬小麦完成春化阶段后,由于温度低,光照阶段发育暂时不能进行,处于春化阶段的小麦具有较强的抗寒能力,能安全越冬。小麦进入光照阶段发育后,抗寒能力下降。

(三)小麦繁育品种主要性状

小麦良种繁育过程中,典型植株选择和去杂是频繁进行的一项工作,掌握识别繁育品种的典型性状是选择工作和去杂工作的基础。

(1)麦芒　一般分为无芒、顶芒和有芒3类。成熟的麦芒有红、白、黑三种颜色,一般红、白两种麦芒色与颖壳色相同,但黑芒可出现于各种颖壳色的品种。

(2)颖壳　颖壳的形状(长度、宽度和颖肩)、颜色和颖咀长度常常用来区别品种、变种。小麦的颖壳色包括白色、黄褐色、棕色、黑色条纹直至完全呈黑色,而且每种颖壳色还有各种深浅程度。有些品种具有颖壳茸毛。

(3)籽粒　小麦籽色有红、白、紫、蓝4种。籽粒质地可以分为粉质、半角质和角质3种。籽粒性状和胚的位置各品种也有不同,注意识别。

(4)茎秆和叶　小麦不同品种株高、茎色、强度、穗下茎节,叶型、叶色存在差异。

(5)穗型　小麦穗型划分为6种。穗子两端尖、中部稍大为纺锤形;穗子上、中、下正面和侧面基本一致,为长方形;穗部下大、上小,为圆锥形;穗子上大、下小,上部小穗着生紧密,呈大头状,为棍棒形;穗短、中部宽、两端稍小,为椭圆形;小穗分枝为分枝形。

任务一　制订制种计划

【任务目标与质量要求】

根据种子繁育需要制订适宜的制种计划,签订落实制种合同,预测经济效益,制定种子生产环节中控制质量的一系列措施。

【学习产出目标】

(1)根据种子企业年度小麦种子生产计划,企业生产部制订具体小麦种子生产计划(明晰制种任务,明确工作措施、人员配置、成本费用,质量管理、考核等指标)。

(2)落实种子生产田并与制种户签订代繁种子合同。

(3)制种户技术培训,原种准备与发放。

【工作程序与方法要求】

一、制订制种生产计划

（一）工作内容

(1)制种目标任务和各项指标。

(2)人员聘用配置与培训。

(3)成本预算。

(4)制种面积落实。

(5)技术措施与种植户培训观摩。

(6)管理办法及考核奖励办法。

(7)质检管理等。

（二）工作要求

清晰制种任务，明确工作措施、人员配置、成本费用、管理考核指标。

【业务知识与经验分享】

小麦种子生产与经营的特点

(1)小麦种子的需求量大　小麦的播种量远高于水稻、棉花和玉米，每公顷播种量在150～225 kg。

(2)小麦品种的区域性比较强　我国各地温度、光照等生态条件等差异显著，就是新疆的南疆和北疆、冲(洪)积平原和山地的生态条件也有着明显的不同，经过长期的自然选择和人工选择，形成了各不相同的小麦生态种植区域及其特定的品种生态类型。一般而言，一个小麦品种只有在特定的生态区域内种植，具有明显的区域性。其生态适应性不及玉米和棉花。

因此，种业公司在选择经营品种时，应立足本地，这样生产和销售的风险都较小。如果生产和销售适合其他地区种植的品种，则应与用种单位签订销售或生产合同，在合同上应注明风险的承担办法。

(3)常规小麦种子生产技术易于掌握　小麦属于自花授粉作物，大多数小麦品种的天然异交率在1%以下，因此对于一个纯合小麦品种来说，只要注意防止机械混杂和生物学混杂，一般不容易发生品种混杂和退化。不需要复杂的和高难度的种子生产程序。

小麦的防杂应该从引种、种植、选择、田间去杂、收获及贮藏等各个环节抓起，坚持“防杂重于除杂，保纯重于提纯”的原则。从新品种应用推广开始，甚至新品种审定前就开始繁育工作，进行全面的质量监测和控制。小麦种子的繁育方法比较多，使用较多的是“三圃制”，改进的有“改良三圃制”“株系循环法”“四级生产程序”和“一圃三级法”等。上述方法都有其优点和缺点，具体使用何种方法，应根据实践而定。

二、落实制种面积

（一）工作内容

公司统一管理，制种生产部门指导，各生产部门负责实施，全员参与。

（1）依靠政府、稳定基地。使公司的发展同政府的发展紧密结合；实现公司生产、加工的本地化，切实解决农民的实际问题。

（2）开展多种形式的交流活动，扩大公司知名度。制种期间组织相关领导、农户进行观摩、交流。冬季邀请相关人员来公司座谈，加强相互沟通。

（3）调查农村现状，确定基地分布。结合参观交流活动和实地调查，掌握制种区及未制种区各村、镇、县的种植结构、土地状况、水源状况、生产条件、科技水平、劳动力资源、农户需求等，为确定基地提供信息。

（二）工作要求

长远规划，建立公司稳定的制种基地。落实本年度制种面积。小麦常规种制种，要求空间隔离区为 25 m。

【业务知识与经验分享】

1.小麦原种生产对播种量及基本苗数的要求

播种量根据品种分蘖力特性不同而不同，一般分蘖力较强的品种播量为 210～240 kg/hm^2，基本苗 210 万～270 万株/hm^2；分蘖力较弱的品种播量为 270～300 kg/hm^2，基本苗 300 万～330 万株/hm^2。

2.制种面积的确定方法

制种田面积确定由计划满足的大田作物播种面积、每公顷播种量和种子田每公顷产量 3 个因素决定。一般情况下，水稻种子田面积占大田播种面积的 3%～5%，小麦（大麦）5%～10%，棉花 15%～20%，大豆 5%～7%。

$$\text{种子田面积}(hm^2)=\frac{\text{下年大田作物播种面积}(hm^2)\times\text{每公顷播种量}(kg)}{\text{种子田产量}(kg/hm^2)}$$

三、签订代繁合同

（一）工作内容

各生产部门负责种子生产基地的评价、选择、合同签订工作。

合同签订之前要充分考察制种户田块、技术水平、劳力现状、隔离条件等因素，符合要求，再按公司统一合同文本及合同签订相关要求签订代繁合同。

（二）工作要求

合同签署规范。

【业务知识与经验分享】

国家粮食补贴与小麦良种补贴

种粮补贴，其实质就是国家对种田的农民进行现金补贴。很多人可能会混淆其含义，实际上粮食补贴跟土地承包者并没有关系，它补贴的只是田地种植者。

一般来说，国家的粮食补贴分为直接补贴、良种补贴以及农资综合补贴。补贴的标准各个地区给出的金额也不一样，一般是平均100元一亩。

2022年，新疆春小麦的政策补贴额度与冬小麦保持一致，均为每亩220元。调整优化后的补贴方式将进一步稳定农民种粮收益预期，提高农民种粮积极性。

四、亲本准备与发放

（一）工作内容

按照制种计划和种子田落实情况，准备亲本，并检查亲本质量。

各生产部门提前按照合同制种户名单、面积，制订制种户亲本发放单，并严格亲本发放程序，按要求办理财务手续，严禁出错。

（二）工作要求

发放程序规范、准确无误。

【业务知识与经验分享】

小麦良种和自留种的区别

屯河农业公司新疆呼图壁分公司2000年秋播冬麦8 230亩，品种均为奎冬5号，其中420亩是购买的原种，其余为上年自留种。三叶期时调查，原种田芽鞘分蘖31.4%，一叶分蘖比例78.5%；自留种田芽鞘分蘖无，一叶分蘖34.8%。由此可见，原种种子的生活力比一般良种高得多。

任务二　土地准备与播种

【任务目标与质量要求】

根据制种计划，落实繁育基地，整地质量达到质量标准，播种质量达到技术要求。建立种子生产档案。

【学习产出目标】

(1)按要求进行选地。

(2)做好小麦播种前种子准备工作。

(3)高质量完成播种。

(4)正确填写田间档案。

【工作程序与方法要求】

一、土地准备

（一）工作内容

制种田选用水肥条件较好、地势平坦、地力均匀、排灌方便、旱涝保收的田块。制种田集中连片，无插花的地块，以利于机械化操作，防止机械混杂。制种户种田水平高。种子田要施足底肥、灌足底墒。

（二）工作要求

不能重茬，不允许施麦秸粪，以防发生混杂。

二、播种

（一）工作内容

(1)种子准备　使用高纯度的小麦繁育材料，这是保证良种生产的前提和关键，繁育材料应由育种单位或育种家直接提供，以保证种性纯度和质量。

(2)播种质量　按育种家提供的品种说明，适时适量播种，要保证足墒下种，确保一播齐苗，基地要统一机械搭种，避免重播、漏播和机械混杂。适当稀播，以提高种子田繁殖系数。

（二）工作要求

原种质量要求：纯度99.9%以上，净度不低于99.0%，发芽率不低于85.0%。

【业务知识与经验分享】

1.生产原种如何通过控制播量提高繁殖系数?

适当稀播，以提高种子田繁殖系数。种子田播前要精细整地，足墒下种，一般实行稀条播，一般播种量：冬小麦为210～240 kg/hm^2，春小麦为270～300 kg/hm^2。精量播种，也可以实行点播，行距30 cm左右，株距5 cm左右，播量控制在120～150 kg/hm^2。应根据品种特性和水肥力水平高低而适当调整播量。

2.育种家种子田、原原种田和一般的大田整地有什么不同?

育种家种子田、原原种田整地要比一般的大田精细得多。种子的基因型一致，要在生长环境一致时才能准确表现出来。田间生长环境的不一致主要是由土地不平整造成的。因为土地不平整使田间积水不一致，田间土壤的墒情不一致，植株的生长就不一致。

三、建立种子档案

（一）工作内容

按要求建立种子生产田间档案(表3-2-2)。

（二）工作要求

播种后要及时汇总种子生产档案。档案填写地块位置，并划分检验区，最大检验区≤500亩，还包括村名、种子田编号、户名、户编号、种植面积、收获方式，并注明该户在播种、去杂及收获过程中出现的问题和处理方法以及效果。

表 3-2-2 小麦种子生产田间档案记载表

生产技术负责人：　　　　　村名：　　　地块名称：
种子田编号：　　　　　　　户名：　　　户编号：

项目				检查记录（技术措施、指标、作业质量）	评价
播前土地准备	种子田的面积				
	前茬				
	秋冬灌				
	基肥				
	整地质量			犁： 平： 耙：	
种子准备及播种	种子质量			发芽率：　　　% 纯度：　　　%	
	种子处理				
	播种机具准备			机型： 参数：	
	播种时间			月/　　日	
	播种质量			播种量： 播种方式： 株行距： 播深： 种肥：	
田间管理	追肥	1	/	种类：　　用量：　　方式：	
		2	/		
		3	/		
		4	/		
	灌溉	头水	/		
		二水	/		
		三水	/		
		四水	/		
		五水	/		
生育期记载	播种期		/	拔节期	/
	出苗期		/	抽穗期	/
	分蘖期		/	开花期	/
	越冬期		/	成熟期	/
	返青期		/	收获期	/
气候影响	霜冻、干旱、干热风、大风、暴雨、冰雹等异常天气影响				
病虫害防治	雪腐病、黑穗病、锈病、白粉病、蚜虫等病虫害发生情况、防治措施及效果				
田间去杂情况	第一次	/			
	第二次	/			
	第三次	/			
收获	收获时间				
	收获方式质量				
	预计种子产量				

任务三　田间管理与去杂

【任务目标与质量要求】

种子田要加强水肥管理水平，合理施肥、灌水，做好病虫害的防治，提高制种产量，实现高产，提高种子外观质量。按要求严格去杂去劣工作，保持种性，提高种子商品率。

【学习产出目标】

(1)根据小麦长势，进行施肥灌溉，适当控制群体密度。

(2)进行病虫害调查，并及时开展防治。

(3)拔除田间杂草。

(4)去杂去劣。

(5)填写田间档案，做好质检记录。

【工作程序与方法要求】

一、田间管理

(一)工作内容

(1)水肥管理　种子田的水肥管理同于大田。但要注意氮磷配合，氮肥适当后移；控制氮肥，适当增施钾肥。预防干热风危害。

(2)灌溉　灌水中要杜绝用麦草拦墒堵坝，以免将其他品种种子带入田中。

(3)控制群体　降低群体密度，控制适宜密度，为多穗型品种基本苗 270～300 株/hm^2；大穗型品种基本苗 300～345 株/hm^2。

(4)矮化处理　对高秆品种实行矮化，在拔节期喷施矮壮素，用量为 2.25～3.0 kg/hm^2。

(5)病虫害防治　及时防治小麦黑穗病、锈病、白粉病及蚜虫等病虫害。

(6)拔除杂草　拔除小麦制种田田间杂草。特别是伴生性杂草，如燕麦、野生滨麦和节节麦等。

(二)工作要求

根据苗情适时水肥，培养壮苗。及时防治病虫害，保证籽粒饱满。田间无杂草，收获前 15 d 左右停水。

【业务知识与经验分享】

1.小麦植物生长调节剂

(1)抗倒酯　本调节剂登记在小麦上的有微乳剂、乳油和可湿性粉剂，目前登记的有 9 种商品。其作用机理如下：

一是它属于环己烷羧酸类植物生长调节剂，是赤霉素生物合成抑制剂，通过降低赤霉素的含量，控制作物旺长，达到使作物抗倒伏的作用。二是药剂可被植物茎、叶迅速吸收并传导，通过降低株高、增加茎秆强度、促进根系发达来防止小麦倒伏。同时本品还可以提高水分利用率、预防干旱、提高产量等。

(2)芸苔素内酯　在小麦上有22种商品，其中有丙酰芸苔素内酯、赤・吲乙・芸苔、24-表芸・三表芸、24-表芸苔素内酯、28-表高芸苔素内酯和28-表芸・烯效唑。其作用机理如下：

本品为植物源生长调节剂，具有使植物细胞分裂和延长的双重作用，促进根系发达，增强光合作用，提高作物叶绿素含量，促进作物对肥料的有效吸收，辅助作物劣势部分良好生长。主要用于调节小白菜和小麦生长，达到增产效果。有促进细胞生长和分裂，促进花芽分化，提高光合效率，增加作物产量，改善作物品质；提高作物对低温、干旱、药害、病害及盐碱的抵抗力等作用。

(3)复硝酚钠　目前登记有6种商品，一般为水剂。其作用机理如下：

本品是一种植物细胞复活剂，能迅速渗透到植物体内，促进植物细胞的原生质流动，提高细胞活性，促根壮苗、保花保果、高效促进光合作用，激发植物潜能。本品适用于植物的整个生育期，能加快植物的生长发育速度，增强抗病、抗逆能力，改良植物产品品质，提高产量。

(4)矮壮素　目前登记有10种商品。矮壮素能有效控制植株徒长，促进生殖生长，使节间缩短，植株长得矮、壮、粗，根系发达，代替人工打杈、抗倒伏；同时叶色加深，叶片增厚，叶绿素含量增多，光合作用增强，提高作物的坐果率。矮壮素还能提高作物的抗旱、抗寒、抗盐碱等。科学合理地使用矮壮素，能解决植物营养生长与生殖生长的矛盾，提高产量。

(5)三十烷醇　目前登记有5种商品，一般有0.1%微乳剂和2%可溶粉剂。本品具有多种生理功能，可影响植物的生长、分化和发育。主要表现为：能增强酶的活性，促使种子发芽，提高发芽率；增强光合强度，提高叶绿素含量，增加干物质的积累；促进作物吸收矿物质，提高蛋白质和糖分含量，改善产品品质等。还有促进农作物长根、生叶、花芽分化，增加分蘖，促进早熟，保花保果，提高结实率和促进农作物吸水，减少蒸发，增加作物抗旱能力的作用。主要用于调节小麦的生长、增产。

(6)吲哚丁酸　本品为植物内源生长素，可经由叶片、植物的嫩表皮、种子，进入植物体内，随营养流输导到起作用的部位，能够诱导植物根原基分化，快速开根，加速根系生长和发育，大大增加毛细根数量和侧根长度，有利于形成多而壮的植株根系群，缩短植株移栽返青天数，显著提高移栽成活率和抗逆性；促进分蘖和壮苗；促进根系更新，强壮植株，增加产量，提高品质。

(7)吲哚乙酸　能有效促进和调控作物的营养与生殖生长，达到高产、优质、抗逆(抗旱、抗寒、减轻病虫害、耐瘠薄等)，可用于小麦、玉米、大豆等作物播前拌种，水稻秧田喷雾。

(8)硅丰环　硅丰环拌种剂系植物生长调节剂，可刺激植物细胞的有丝分裂，增强植物体光合作用，从而提高作物产量。该产品主要用于种子处理，具有用量小、增产幅度高的特点，同时能够增强作物的抗旱、抗寒及抗病能力。

(9)多效唑　此类登记的商品有15种。本品为三唑类植物生长调节剂,适用于小麦生长调节,能有效控制小麦株高,降低节间长度。具有延缓植物生长、抑制茎秆伸长、缩短节间、促进植物分蘖、增加植物抗逆性能、提高产量等效果。本品对调节小麦生长、增加产量效果显著。

(10)S-诱抗素　S-诱抗素是一种天然植物生长调节剂,能平衡植物生长,提高光合效率,有效增强植物抗逆能力。本品主要用于浸种处理,具有增强发芽势,提高发芽率,促根壮苗,促进分蘖和增强植物抗逆性的功效。能诱导植物抗逆基因表达,有效增强植物抗逆能力。本品能提高植物光合效率,促进植物协调生长,增加营养物质的吸收与积累,对改善品质、提高产量有显著效果。施用本品能促进幼苗根系发育,移栽后返青快、成活率高,且植物整个生长期的抗逆性得到增强。

(11)萘乙酸　本品具有内源生长素的生理活性,可通过叶面、茎秆进入植物体内,能够显著增加作物的新陈代谢和光合作用,促进细胞的分裂与扩大,显著提高植株抗冻、抗青枯和干热风能力。对已发生冻害的小麦,或因缺肥造成的植株发黄,能够显著促进地下部分的分蘖和萌发,提高成穗率,促进生长,喷后迅速发绿。扬花期使用,能够加快小麦灌浆进程,增加千粒重,有效改变小麦品质,增产显著。能调节生长,防倒伏,促进小麦授粉,细胞分裂与扩大等,从而使穗粒数和千粒重均有不同程度增加,有良好的增产作用。

(12)糠氨基嘌呤　本品为植物内源细胞分裂素,能诱导花芽分化,提高花芽质量,催花促花,增加有效花数,保花保果,稳果壮果;加速细胞分裂,促幼果发育,膨大果实,减少裂果;提高作物授粉性,促进结实;延缓植物衰老,促进灌浆;促进侧枝侧芽的发育,增加叶绿素含量,提高光合效率。适用于柑橘树、苹果树、茶树、菜豆、花生、小麦、玉米、油菜、棉花、水稻等植物。

(13)敌草快　本品是联吡啶类、灭生性作物催枯剂。本品对所有植物的绿色部分都有快速的脱水作用。施药后数小时下雨,药效不受影响。药液喷到成熟或棕色树皮上没有影响。药液触到土壤后立即钝化,不影响作物根部。

(14)烯腺·羟烯腺　本品为生物发酵提取的植物生长调节剂,能刺激植物细胞分裂,促进叶绿素形成,增强植物光合作用,具有促进生长、提早成熟、保花保果、增加产量、改良品质等功效。

2.小麦除草剂飞防作业注意事项

(1)选用适宜的除草剂品种　任何一种除草剂都有一定的杀草谱。有防阔叶的,有防禾本科的,也有部分禾本科、阔叶兼防的。但一种除草剂不可能有效地防治田间所有杂草,所以除草剂选用不当防治效果就不会很好,要弄清楚防除田块中有哪些杂草,要根据主要杂草种类选择除草剂。

(2)在合适的气候条件下施药　大多数除草剂属于正温度系数药剂,气温在6 ℃以下不要施药,在上午10时到下午3时左右施药最好,而且打除草剂之前和之后2 d也不要低于6 ℃。

植保无人机喷洒除草剂作业时切记应在无风条件进行,因为在飞防喷洒药剂过程中，雾粒在下压风作用下能够均匀分布，而在风的影响下会出现雾粒严重分布不均匀，出现重喷、漏喷情况。

另外有风条件下用药容易造成除草剂雾粒飘逸，引起周围敏感作物药害，特别是植保无人机超低量喷雾，雾粒细小，很容易飘移，所以大风天禁止用药。

用药时如果土壤比较干旱，应注意加大用水量，如果有积水，则会影响除草剂的药效发挥。

(3)小麦生病时不要施药　近几年小麦纹枯病、根腐病、全蚀病等种传或土传病害频发，施用除草剂前应先确定麦苗有没有生病，如果是生病小麦，最好不要施用除草剂。

(4)一定要进行二次稀释　有些飞防人员图省事，直接将几百亩药量的除草剂倒入总汇桶，随便找个树枝搅拌下就开始喷施，这种兑药方式十分不科学。因为大部分除草剂产品都会自带助剂，助剂起到渗透增效的作用，通常比较黏稠，如果直接倒入总汇桶可能会沉入桶底，导致助剂包裹除草剂无法化开的现象。这样可能会导致两种后果：一是液体都打完了，仍有一部分除草剂还在桶底未化开，造成浪费。二是刚开始打的麦田除草剂浓度很小，有效成分剂量不足，后期打的除草剂又浓度太大，容易形成药害。因此飞防植保作业配制药液时要严格按照二次稀释方法配制，更换药箱一定要搅拌药液，确保农药制剂溶解均匀。

(5)避免药剂过量　植保无人机喷洒除草剂时不要在草厚、多的地方重喷几下，或者怕浪费将最后剩余的除草剂在草多的地方减少药量再喷洒一遍，这样很容易导致除草剂药害。因为除草剂在正常浓度下对小麦是安全的，但是如果过量，小麦自身也会遭受伤害。

(6)正确看待除草剂的黄化蹲苗现象　有些除草剂施用后，小麦会出现短时的叶尖发黄，这是一种正常的蹲苗现象，一般在小麦返青时可自行恢复，这种现象非但不会造成减产，反而可以促使小麦增产，可防止小麦因营养生长过旺而影响其生殖生长，不必过分担心。

二、去杂去劣

（一）工作内容

(1)第一次田间去杂　时间为小麦抽穗前(4月下旬)。此期田间去杂主要依据叶形、叶色、株高等性状，将田间能辨认出的分离株、变异株、混杂株和田间、地头、地边的野燕麦、节节麦等恶性杂草及其他杂草予以彻底清除。

(2)第二次田间去杂　时间为小麦籽粒形成期和灌浆期(5月5—15日)。此时田间杂株表现充分，杂株已经抽穗，高度突出，性状易辨，目标明显，利于分辨。此次去杂要求对田间、地头、地边、与其他品种交界处的异品种植物再度予以彻底清除，主要对象和要求同第一次田间去杂。此时期也是用户对种子纯度反应最敏感的时期。

(3)第三次田间去杂　时间为小麦成熟期收获前(6月下旬)。根据成熟早晚、株高、茎色、穗形、壳色、小穗紧密度、芒的有无与长短等性状，鉴别并拔除异品种、异作物感病的植株。在认真观察和掌握小麦品种典型特征特性的基础上，分清杂株、劣株，其主要类型有大麦、燕麦、节节麦、野生小麦、异品种株、异交株、退化株、畸变株、病株等，要求能够准确快速做出鉴定，然后彻底拔除，对暂时辨认不清的“疑株”，也不放过。在成熟时去杂，可有效地将穗型与众不同、高度明显突出的杂株去除，对提高种子纯度有举足轻重的作用。

（二）工作要求

要求将杂株、可疑株、伴生性杂草去除干净。田间杂株(穗)率不高于0.1%。

去杂工作档案：在整个去杂过程中种子生产单位要指派专人负责各个基地，分工协作，责任落实到人、到地块。做好去杂去劣田间档案记录(表3-2-3，表3-2-4)。对部分繁种户存在的问题要逐一予以登记，并拿出解决办法，最后在基地繁种户花名册上注明解决办法与效果。

【业务知识与经验分享】

1.小麦去杂去劣的时期及鉴定的性状

苗期：叶片颜色深浅、叶形、分蘖、株型、生长势、抗寒性等方面观察，杂株或杂行必须连根拔除，防止再生。

抽穗期：从抽穗时间、株高、株型、叶面蜡质、剑叶形态、顶部节间长短与粗细、穗形、芒长与分布、抗病性等方面观察。不明原因的叶片枯黄是种质变劣的表现，矮化变异的穗形也很常见。

成熟期：从叶片功能期、穗颜色、护颖形状、籽粒形态等几个方面观察。

2.小麦田间去杂去劣要点

苗期田间去杂。在冬前到第二年返青拔节前进行，识别苗相、叶色等形态，有异者要拔除，全田拉网式去杂1～2遍。

抽穗期田间去杂。主要看抽穗的早或晚，结合品种株型、叶姿，有异者带根拔除。

成熟前田间去杂。在进行以上两次去杂后，还要严格去杂1～2次，主要通过植株高低、穗形、落色判断。

禾本科杂草，如节节麦、野燕麦、大麦等在苗期到抽穗期尽早拔除，保证在田间验收前彻底清除。

3.小麦制种田间检验的时间和次数

一般检查两次。第一次在开花前检查隔离条件和杂株；第二次在开花期检查杂株。

4.如何快速鉴定小麦品种真实性

田间检验员通常绕种子田走一圈，应检查不少于100个穗或植株，确保植株性状与品种描述中所给定的品种特征特性一致。

5.小麦田间鉴定的样区数量和样区大小

一般来说，面积小于10 hm^2 的生产常规种的小麦种子田，检查10个样区。如面积大于10 hm^2 的种子田，样区数目应随着面积增加而增加。对于纯度标准较高的种子田，被检面积应大些，应检查更多的株数。每个样区大小为1 m宽、20 m长，面积为20 m^2，样区与播种方向呈直角。

表 3-2-3　小麦田间检验结果报告单

<table>
<tr><td colspan="2">繁种单位</td><td colspan="3"></td></tr>
<tr><td colspan="2">作物品种</td><td></td><td rowspan="3">品种隔离情况</td><td rowspan="3"></td></tr>
<tr><td colspan="2">繁种面积</td><td></td></tr>
<tr><td colspan="2">取样点数</td><td></td></tr>
<tr><td rowspan="3">田间
纯度
检验</td><td>异作物率</td><td></td><td rowspan="2">病(虫)害感染率</td><td rowspan="3"></td></tr>
<tr><td>异品种率</td><td></td></tr>
<tr><td>杂草率</td><td></td><td>品种纯度</td></tr>
<tr><td colspan="2">田间检验结果</td><td colspan="3">纯度达到(　　)级</td></tr>
<tr><td colspan="2">建议或意见</td><td colspan="3"></td></tr>
</table>

检验单位(盖章)：　　　　检验员：　　　检验日期：　　年　　月　　日

注:(1)苗期检验结果供定等级参考,花期、成熟期检验结果作为评定等级的依据。如花期、成熟期检验结果不同时,要按质量低的一次检验结果定级。(2)田间检验结果单应一式 3 份(检验单位 1 份,繁殖单位 2 份)。

表 3-2-4　小麦品种主要性状调查表

品种名称	幼苗生长习性	株高	成熟茎秆色	穗部性状										粒部性状					
				穗形	穗长	小穗密度	穗色	芒的长短	芒色	护颖性状	颖肩性状	颖嘴性状	稃毛有无	粒形	粒长	粒色	粒质	千粒重	产量

任务四　收获与收购

【任务目标与质量要求】

确定适宜的收获时期,统一机械收获,保证种子纯度和质量要求(表 3-2-5)。

【学习产出目标】

(1)确定适宜的收获时期,统一机械收获。

(2)统一晒场,专人管理,严禁机械混杂。

(3)室内检验种子水分。

(4)合格种子进行精选加工。

【工作程序与方法要求】

确定适宜的收获时期,种子田统一机械收获,种子田标识要清楚,统一晒场,并派专职技术人员监督管理,严禁机械混杂。

收获时不能太晚、脱粒机口不宜过紧,以防小麦籽粒破碎,影响种子质量。

种子收获后晾晒至种子含水量≤13%,经种子室内检验,合格种子进行精选加工后,由种子企业进行收购、贮藏。

表 3-2-5 种子检验结果报告单

填报日期：　　年　　月　　日

<table>
<tr><td colspan="2">送验单位</td><td colspan="2"></td><td>产地</td><td></td></tr>
<tr><td colspan="2">作物名称</td><td colspan="2"></td><td>代表数量</td><td></td></tr>
<tr><td colspan="2">品种名称</td><td colspan="2"></td><td></td><td></td></tr>
<tr><td rowspan="3">净度分析</td><td colspan="2">净种子/%</td><td colspan="2">其他植物种子/%</td><td>杂质/%</td></tr>
<tr><td colspan="2"></td><td colspan="2"></td><td></td></tr>
<tr><td colspan="5">其他植物种子的种类及数量：
完全/有限/简化检验
杂质的种类：</td></tr>
<tr><td rowspan="3">发芽试验</td><td>正常幼苗/%</td><td>硬实/%</td><td>新鲜不发芽种子/%</td><td>不正常幼苗/%</td><td>死种子/%</td></tr>
<tr><td></td><td></td><td></td><td></td><td></td></tr>
<tr><td colspan="5">发芽床____________；温度____________；试验持续时间____________；
发芽前处理和方法____________</td></tr>
<tr><td>纯度</td><td colspan="5">实验室方法________________；品种纯度________________%；
田间小区鉴定____________；本品种____________%；异品种____________%</td></tr>
<tr><td>水分</td><td colspan="5">水分____________%</td></tr>
<tr><td>其他测定项目</td><td colspan="5">生活力____________%；
千粒重____________g；
健康状况：</td></tr>
</table>

检验单位(盖章)：　　检验员(技术负责人)：　　复核员：

第三节　棉花制种技术

【专业知识准备】

一、棉花产业发展现状

棉花简称棉，双子叶植物，锦葵科棉属，是唯一由种子生产纤维的农作物。棉属中包括许多棉种，其中有4个栽培种：草棉、亚洲棉、陆地棉和长绒棉。它原产于高温、干旱、短日照的热带和亚热带的荒漠草原，是多年生的亚灌木或小乔木。经过人类的长期栽培驯化，成为栽培的一年生作物。栽培最广泛的是陆地棉，其产量约占世界棉花总产量的90%。其次是长绒棉，长绒棉纤维较长，在我国新疆一些地区有一定产量。

我国常年植棉540万 hm^2，占全世界的17%；棉花总产量750万 t，占世界的21%。我国主要植棉区农业人口达2亿，直接从事棉纺及相关行业人员达1 900多万人，间接就业人员达到1亿人左右，棉花产业安全不仅关系到农民增收、农村经济发展，而且还关系到棉纺业以及国家对外商业贸易。同时对社会稳定等均具有十分重要的战略意义。

在确保我国粮食安全的大背景下，三大棉花生产区中的长江流域和黄河流域两大棉区由于植棉比较效益逐年下降，棉花生产规模呈现逐年降低的趋势，近年来下降趋势更为显著，黄河流域和长江流域两棉区面积下降20%以上。棉花生产重心由长江流域棉区、黄河流域棉区和西北内陆棉区齐头并进，转变为以新疆为主的西北内陆棉区一枝独秀，黄河流域棉区和长江流域棉区转为辅助性产区。截至2018年，我国棉花播种面积西北内陆占45%，黄河流域占25%，长江流域占19%。未来西北内陆棉田要控制在50%以下，面积不超过2 500万亩；黄河流域棉区保持2 000万亩生产规模，长江流域主要是中游棉区保持1 000万亩生产规模。这些棉区存在不同程度的盐碱、干旱、高温、水淹等问题，亟须培育耐逆棉花新品种。

农产品供给侧结构性改革对棉花产量、品质提出了新要求。棉花生产由片面追求高产转向兼顾产量、效益和品质，重点是品质提升。

(1)用中高端品质引领现代棉纺织业发展。这是植棉业转型升级的主攻目标，只有全面提升品质才能赢得市场，只有全面提升品质才能与高成本相对应，唯全面提升品质才能保住生产规模。因此，要培育“双30”(纤维长度在30 mm，纤维强度在30 cN/tex以上，长度整齐度指数超过85%)的优质棉花新品种。

(2)用“四化”引领现代植棉业的发展，全面降低生产成本，即轻简化、绿色化、机械化和组织化生产。其中，全程机械化要求培育与之配套的农机与农艺结合的早熟性好、综合性状优良的机采棉花新品种。

二、新疆棉花种子生产

截至 2017 年，新疆棉花播种面积 228.11 万 hm^2，其种植面积约占全国种植面积的 70%以上，平均皮棉产量达 2 079.3 kg/hm^2。新疆生产建设兵团(以下简称兵团)共种植棉花面积 68.69 万 hm^2。新疆棉花种业良种繁育方式以委托繁殖为主，即"公司 + 基地+ 棉农繁殖"模式进行良种繁育，多数民营种业均为此类型，还有一些种业企业则有自己的良繁体系，有一定规模的良繁田。目前，新疆涉棉种业 800 余家，其中注册资金3 000 万元以上企业 39 家，注册资金 500 万元以上的棉花种子企业 180 余家。这些种业企业按其性质可分为 3 类:第一类是国有企业，尤其是以兵团体制内存在的为大多数，这些种业企业大多拥有自主品牌和自育专有品种。这些企业除了在自身区域内开展种植外，还推广辐射到了周边乡、镇、村。第二类是较大规模的民营种子企业，主要以地方为主。企业拥有自己的种子研发队伍和自主选育的品种，具有较强的整体实力及较大的发展潜力。第三类是中小型种子企业，主要通过代理或买断品种而拥有品种权或生产经营权，其数量很多，实力相差悬殊，经营业绩不稳定，但有一定的竞争实力。

近年来，新疆植棉区年推广面积大于 5 万亩的品种有 46 个，中棉所 49、新陆中 46 号、新陆中 37 号、新陆中 54 号和新陆早 61 号等品种年推广面积大于 100 万亩。2017 年，新疆推广面积超过 20 万亩的 34 个棉花品种应用年份在 1～13 年。唯一一个应用时间超过 10 年的主导品种为中棉所 49，占南疆植棉面积的 12%(表 3-3-1，表 3-3-2)。

表 3-3-1　南疆植棉区推广面积大于 3 300 hm^2 的品种表

序号	品种名称	种植面积/hm^2	占比/%	序号	品种名称	种植面积/hm^2	占比/%
1	中棉所 49	180 466.7	11.95	12	新陆中 69 号	32 000.0	2.12
2	新陆中 46 号	97 600.0	6.46	13	新陆中 50 号	30 766.7	2.04
3	新陆中 37 号	79 600.0	5.27	14	新陆中 80 号	30 333.3	2.01
4	新陆中 54 号	67 926.7	4.50	15	新陆中 38 号	26 666.7	1.77
5	新陆中 72 号	57 333.3	3.80	16	新陆中 64 号	23 046.7	1.53
6	新陆中 47 号	49 033.3	3.25	17	新陆中 42 号	12 240.0	0.81
7	新陆中 66 号	48 000.0	3.18	18	新陆中 61 号	8 620.0	0.56
8	新陆中 59 号	38 380.0	2.54	19	新陆中 15 号	5 333.3	0.35
9	新陆中 67 号	37 206.7	2.46	20	新陆中 56 号	4 000.0	0.26
10	新陆中 71 号	36 666.7	2.43	21	新陆中 40 号	3 333.3	0.22
11	新陆中 65 号	32 000.0	2.12				

表 3-3-2 南疆植棉区推广面积大于 3 300 hm^2 的品种表

序号	品种名称	种植面积/hm^2	占比/%	序号	品种名称	种植面积/hm^2	占比/%
1	新陆早 61 号	128 533.3	8.51	11	新陆早 26 号	14 666.7	0.97
2	新陆早 57 号	42 266.7	2.80	12	新陆早 54 号	14 600.0	0.97
3	新陆早 64 号	33 333.3	2.21	13	新陆早 48 号	11 600.0	0.77
4	新陆早 45 号	33 133.3	2.19	14	新陆早 65 号	11 466.7	0.76
5	新陆早 40 号	26 666.7	1.77	15	新陆早 55 号	10 733.3	0.71
6	新陆早 33 号	20 380.0	1.35	16	新陆早 52 号	10 000.0	0.66
7	新陆早 50 号	20 166.7	1.34	17	新陆早 53 号	10 000.0	0.66
8	新陆早 41 号	20 000.0	1.32	18	新陆早 72 号	6 666.7	0.44
9	新陆早 42 号	19 860.0	1.31	19	新陆早 58 号	4 866.7	0.32
10	新陆早 56 号	14 800.0	0.98				

三、棉花新品种选育方法

常规棉新品种选育方法主要有系统选择育种，杂交、回交育种，物理、诱变育种，远缘杂交育种，单倍体、倍性育种，细胞工程育种，转基因技术育种，分子标记辅助选择育种等。

除系统选择育种是利用自然变异外，其他的育种方法均是利用不同的技术手段创造变异，在一定的环境和生产条件下，通过多次定向系谱选择，从中选出符合育种目标的材料，经过鉴定、比较，培育成符合生产需要、遗传性状相对稳定、形态特征和生物学特性一致的群体。经过区域试验和生产试验，符合品种审定要求，即成为生产上可种植的新品种。

棉花是常异花授粉作物，天然异交率在 3%～20%。以系谱选择为主要手段的棉花育种技术，杂合基因型通过自交纯合的速度是相当缓慢的，而异交产生杂合体却非常迅速，加之棉花的许多经济性状是受微效多基因控制的，要达到纯合需经历很多的自交世代，因而育成的棉花品种中均存在着不同程度的育种上的剩余变异。这种群体在开放授粉又不加选择的繁殖条件下会发生分离重组，大量非选择类型的个体在群体中出现，从而造成品种的纯度下降。加之自然突变，品种纯度下降得更快，使群体的产量和品质降低，从而失去利用价值。因此必须从源头种子的质量抓起，生产高度纯和的基础种子。基础种子高度纯合，遗传性状稳定，生产出来的良种质量就好，田间表现整齐一致，新品种的增产增收优势就能充分发挥。

四、棉花良种繁育基本知识

（一）棉花基本知识

棉花是离瓣双子叶植物，属锦葵目锦葵科木槿亚科棉属。喜热、好光、耐旱、忌渍，适宜于在疏松深厚土壤中种植。

棉花从种子发芽到完全成熟，要经过几个性质不同的时期。通常把从播种到收花结束称为全生育期，大约 210 d。从出苗到第一个棉铃成熟吐絮，为生育期，大约 120 d，这是鉴别品种熟性的重要依据。棉花的整个生育过程可分为 5 个阶段。

第一阶段：出苗期（从播种到 50％的棉苗出土，子叶平展）。

第二阶段：苗期（从出苗期到 50％棉株出现第一个幼蕾）。

第三阶段：蕾期（从现蕾期到 50％棉株开第一朵花）。

第四阶段：花铃期（开花到 50％的棉株第一个棉铃吐絮）。

第五阶段：吐絮期（从吐絮开始到收花结束）。

1.棉花品种特性

棉花原产于热带、亚热带地区，是一种多年生、短日照作物。经长期人工选择和培育，逐渐北移到温带，演变为一年生作物。春季（或初夏）播种，当年现蕾、开花、结实，完成生育周期，到冬季严寒来临时，生命终止。在其生长发育过程中，只要有充足的温度、光照、水肥条件等，就像多年生植物一样，可不断地长枝、长叶、现蕾、开花、结铃，持续生长发育，具有无限生长性和较强的再生能力。在棉花的一生中，温度对它的生长发育、产量及产品质量的形成影响很大。除温度外，棉花对光照非常敏感，比较耐干旱，怕水涝。棉花生长历经春、夏、秋、冬四个季节，春分到立冬 16 个节气（从 4 月中下旬至 11 月中旬左右），一生可以划分为播种期、苗期、蕾期、花铃期和吐絮期 5 个阶段。相对于其他农产品来讲，棉花生长期较长，受自然因素的影响较大。

2.棉纤维品质构成

棉纤维是由受精胚珠的表皮细胞经伸长、加厚而成的种子纤维，不同于一般的韧皮纤维。棉纤维以纤维素为主，占干重的 93％～95％，其余为纤维的伴生物。由于棉纤维具有许多优良经济性状，使之成为最主要的纺织工业原料。

(1)纤维长度　目前，国内主要棉区生产的陆地棉及海岛棉品种的纤维长度，分别以 25～31 mm 及 33～39 mm 居多。棉纤维的长度是指纤维伸直后两端间的长度，一般以毫米表示。棉纤维的长度有很大差异，最长的纤维可达 75 mm，最短的仅 1 mm，一般细绒棉的纤维长度在 25～33 mm，长绒棉多在 33 mm 以上。棉纤维长度是纤维品质中最重要的指标之一，与纺纱质量关系十分密切，当其他品质相同时，纤维越长，其纺纱支数越高。线密度的计算，是在公定回潮率条件下（8.5％），每千克棉纱的长度为若干米时，即为若干特克斯，纱越细，支数越高（表 3-3-3）。可纺支数越高，可纺号数越小，强度越大（表 3-3-4）。

表 3-3-3　原棉长度与可纺支数的关系

原棉种类	纤维长度/mm	细度/(m/g)	可纺支数/tex
长绒棉	33～41	6 500～8 500	100～200
细绒棉	25～31	5 000～6 000	33～99
粗绒棉	19～23	3 000～4 000	15～30

表 3-3-4　棉纤维的经济性状及可纺号数比较

棉纤维经济性状	长绒棉	细绒棉
色泽	乳白	洁白
长度/mm	35～45	21～33
细度/(m/g)	6 500～9 000	4 500～7 000
直径/μm	12～14.5	13.5～19
宽度/μm	14～22	18～25
转曲/(r/cm)	100～120	50～80
强度/g	4.5～6.0	3.5～5.0
断裂长度/km	27～40	21～25
可纺号数	特细号 4～10	细号及中号 11～30

(2)纤维整齐度　纤维长度对成纱品质所起作用也受其整齐度的影响，一般纤维越整齐，短纤维含量越低，成纱表面越光洁，纱的强度提高。

(3)纤维细度　纤维细度与成纱的强度密切相关，纺同样粗细的纱，用细度较细的成熟纤维时，因纱内所含的纤维根数多，纤维间接触面较大，抱合较紧，其成纱强度较高。同时细纤维还适于纺较细的纱。但细度也不是越细越好，太细的纤维，在加工过程中较易折断，也容易产生棉结。

(4)纤维强度　指拉伸一根或一束纤维在即将断裂时所能承受的最大负荷，一般以 g 或 g/mg 表示，单纤维强度因种或品种不同而异，一般细绒棉多在 3.5～5.0 g，长绒棉纤维结构致密，强度可达 4.5～6.0 g。

(5)纤维成熟度　棉纤维成熟度是指纤维细胞壁加厚的程度，细胞壁越厚，其成熟度越高，纤维转曲多，强度高，弹性强，色泽好，成纱质量也高；成熟度低的纤维各项经济性状均差，但过熟纤维也不理想，纤维太粗，转曲也少，成纱质量反而不高。

3.棉花的分类、加工与检验

(1)分类　根据棉花物理形态的不同，分为籽棉和皮棉。棉农从棉棵上摘下的棉花叫籽棉，籽棉经过去籽加工后的棉花叫皮棉，通常所说的棉花产量，一般指的是皮棉产量。

根据加工用机械的不同，棉花分为锯齿棉和皮辊棉。锯齿轧花机加工出来的皮棉叫锯齿棉；皮辊轧花机加工出来的皮棉叫皮辊棉。皮辊轧花机生产效率低，加工出的棉花杂质含量高，但对棉纤维无损伤，纤维相对较长；锯齿轧花机加工出来的皮棉杂质含量低，工作效率高，但对棉花纤维有一定的损伤。目前细绒棉基本上都是锯齿棉，长绒棉一般为皮辊棉。

(2)加工　一般用衣分来表示籽棉加工成皮棉的比例，正常年份，衣分为 36%～40%，也就是 50 kg 籽棉能够加工出 18～20 kg 皮棉。皮棉不能散放，必须经打包机打成符合国家标准的棉包。我国标准皮棉包装有 2 种包型：85 kg/包(±5 kg)、200 kg/包(±10 kg)，以 85 kg 包型居多。

(3)检验　我国棉花的质量检验是按照细绒棉国家标准 GB 1103 进行的。标准规定，检验棉花分以下几个指标：

①品级　根据棉花的成熟程度、色泽特征、轧工质量这 3 个条件把棉花划分为 1～7 级及等外棉。

②长度　根据棉纤维的长度划分等级，以 1 mm 为级距，把棉花纤维分成 25～31 mm 7 个长度级。

③马克隆值　马克隆是英文 Micronaire 的音译，马克隆值是反映棉花纤维细度与成熟度的综合指标，数值越大，表示棉纤维越粗，成熟度越高。具体测量方法是采用气流仪来测定恒定质量的棉花纤维在被压成固定体积后的透气性，并以该刻度数值表示。马克隆值分三个级，即 A、B、C，B 级为马克隆值标准级。

④回潮率　棉花公定回潮率为 8.5%，回潮率最高限度为 10%。实际工作中一般用电测器法测定原棉回潮率。

⑤含杂率　皮辊棉标准含杂率为 2.5%。实际工作中一般用原棉杂质分析机测定原棉回潮率。

⑥危害性杂物　棉花中严禁混入危害性杂物。

（二）棉花主要经济性状

1.直接构成产量的性状

棉花产量，通常指籽棉或皮棉产量，单位面积的皮棉产量，由单位面积的总铃数、平均单铃籽棉重和衣分三个因素构成。

(1)单位面积株数　在一定密度范围内，随密度的增加，伏前桃和伏桃比例显著提高，明显表现为早熟和优质。根据新疆棉区独特的气候条件，采用“矮、密、早”栽培模式是获取新疆棉花优质高产的有效途径。

确定合理的种植密度，要充分考虑当地气候、土壤肥力、品种特性、栽培技术水平等因素。目前南疆棉区种植密度一般可达到 15 万～18 万株/hm^2；北疆特早熟棉区种植早熟品种在 18 万～22.5 万株/hm^2；一些地区采用高密度栽培，可依据品种特性、栽培水平地力条件，将密度提高到25.5万～30万株/hm^2。

(2)单株成铃数　棉花单株结铃数主要取决于单株蕾花数和脱落率。单株蕾花数除受生态因素的影响以外，根据品种而表现差异和单株果枝数及每果枝的蕾花数有关，棉花蕾花数和最后成铃数之间的相关性不一定高；一般在一定蕾花数的基础上，成铃率的高低更重要的决定因素是脱落率。脱落率首要取决于品种，其次是栽培条件。一般蒸腾率、光合速率和纤维素形成率较高的品种，其根系发达、蕾铃的吸压较强，脱落率较低，产量高。

(3)单铃重　棉铃的大小，常用单铃籽棉重表示，简称铃重，不同种、不同品种间铃重差异甚大。新疆棉区海岛棉的铃重2.5～3.5 g，陆地棉的铃重5.5～7.5 g，个别品种可达8～9 g。

(4)衣分　棉花衣分的高低主要取决于品种，当前推广的品种，其衣分一般为38%～45%。

同一品种在同一地区的正常年份间，铃重和衣分的变化不大，比较稳定，而总铃数的变幅很大；同一品种在不同的生产条件下或不同的产量水平下，其总铃数间的差异远大于铃重间及衣分间的差异。因此，在一般情况下，总铃数是影响棉花产量的主要因素。但是，在单位面积总铃数相近的情况下，或总铃数达到一定数量后，铃重和衣分对产量的影响也较大，在棉花高产栽培中，既然要重视增加总铃数，又要考虑适当增加铃重和提高衣分。

2.间接影响产量的性状

(1)棉叶　在陆地棉中，叶片按叶裂深浅、裂片宽度可分为正常叶(阔叶)、鸡爪叶和超鸡爪叶等型。正常叶对鸡爪叶是不完全显性，F_1为中间型。据研究，鸡爪叶型与普通叶型的品种相比，无论在稀植还是在密植条件下，株体较矮，营养体较小，单株叶面积小，铃数较多，烂铃少，早熟，衣分增高，经济产量指标高，而对纤维长度、强度、细度及整齐度无影响。改变株型和叶型是突破产量的主要途径。一般认为改变叶型、叶大小、厚度以及叶在棉株上的排列顺序和倾斜角度等，利于提高截光率，提高产量。

棉花的叶有3种：子叶、真叶、先出叶。

子叶两片，无托叶，对生在主茎基部的子叶节上，陆地棉子叶为肾形，长绒棉子叶稍大，近似半圆形。

真叶分托叶、叶柄和叶片三部分。托叶两片，长仅1 cm左右，位于叶柄基部两侧，有保护腋芽的作用。叶柄较长，一般6～15 cm。叶柄上举，有利于棉田透光。叶柄与叶片的连接处为叶基。

一般认为，棉叶叶龄可达60～70 d，展叶后3～4周的叶片，其光合效率最高。随着叶片的展开和生长，棉花的叶面积逐渐增加。一般经验认为，陆地棉最高叶面积指数以4左右为宜，零式果枝的海岛棉品种以2.5～3为宜。

(2)株型　生产上常根据主茎上不同层次果枝长短的差异，将棉花株型分成塔型、筒型及丛生型3种。

目前，新疆栽培的陆地棉品种多较紧凑，海岛棉品种都为极紧凑的零式果枝类型。

(3)果枝类型　根据果节数的多少，果枝通常分为零式果枝、一式果枝和二式果枝三种类型。零式果枝无果节铃柄、直接着生在主茎叶液内；一式果枝只有一个果节，果枝顶端常丛生2～3个棉铃；二式果枝有多少果节，条件适宜时，果节可不断增生，果枝可不断延伸。零式果枝和一式果枝型统称有限果枝类型，二式果枝类型又称无限果枝类型。根据果枝节间的长短，无限果枝类型又可分为4种：Ⅰ型(3～5 cm)、Ⅱ型(5～10 cm)、Ⅲ(10～15 cm)和Ⅵ型(15 cm以上)。具有Ⅰ型或Ⅱ型果枝的品种、株型比较紧凑。

3.早熟性

(1)果枝始节　主茎上着生第一个果枝的节叫果枝节，其节位指的是第一真叶节至第一果枝节的节数。果枝始节的数量取决于品种特性、播种期、栽培条件、气候条件等因素。果枝始节既是早熟的标志，也能反映植株发育早的程度。北疆的早熟品种为3～5节，南疆种植的中熟品种一般为4～6节；若是氮肥较多、苗期温度高、种植密度大、播种期晚，果枝始节则高。

(2)棉桃　棉铃在植物学上属蒴果。通常根据铃嘴及铃基部的形状，将棉铃分成圆球形、卵圆形、长圆形等多种铃形。一般陆地棉的铃形较圆，长绒棉铃形瘦长。棉铃的外层为铃壳，由心皮发育而成，内分3～5室，室内有籽棉一瓤。通常铃壳表面有油腺。青铃的铃壳内含叶绿素，能进行光合作用。成熟时铃壳变黄、开裂，随即转变成褐色。铃壳的厚薄是决定棉铃吐絮是否畅快的重要因素，一般铃薄的品种，吐絮较畅。

根据成铃时间的不同，棉铃可分成伏前桃、伏桃和秋桃。在三桃的时间划分上，南、北疆有差异。南疆和东疆以7月15日以前结的成铃(直径达2 cm)为伏前桃，7月16日至8月1日结的成铃为伏桃，8月16日结的成铃也为伏桃，8月11日以后结的成铃为秋桃。南疆棉区由于出苗后气温回升快，棉花一般早发，伏前桃比例相当在，常占40%～50%；而秋季降温快，加上土壤供肥不足，秋桃甚少，一般不足10%。北疆棉区由于播期晚，生长期又短，一般以伏桃为主。

(3)吐絮期　从开花到铃壳开裂、露出籽棉所经历的天数，称为铃期。一般开花早的棉铃，其铃期较短，而开花晚的棉铃，其铃期较长。

(4)霜前花率　棉花霜前花率的高低取决于品种特性、栽培条件和气候因素。一般早熟品种、氮肥相对较少、停水早、气温较高、田间密度适宜、通风透光条件好的田块，霜前花率较高；相反较低。高产棉田要求霜前花率为85%～90%。

4.纤维品质

(1)纤维长度　栽培棉种之间，纤维长度有明显的差异，一般海岛棉的纤维长度在34～50 mm，陆地棉的在25～33 mm；不同品种之间也有较大的差异；所以纤维长度主要由棉种和品种决定。

(2)纤维强度　纤维强度是指一根单纤维被拉断时所承受的最大负荷，单位为克。纤维的强度主要决定于纤维细胞壁的断面积，而胞壁的断面积和纤维的直径及胞壁厚度成比例；纤维强度与纤维长度也有一定的关系。纤维强度与纤维长度在种子上着生的部位有关，近合点端纤维的强度比近尖端纤维的强度要弱一些。

(3)纤维细度　棉花的纤维细度是遗传性状，但是在不同的地区或条件下能产生一定程度的变异。纤维细度与其直径和胞壁厚度有关，一般好的细纤维发育完善、柔软、强度好。

5.抗逆性

(1)抗病性状　棉花抗病育种是利用棉花种质对病害感染的遗传差异，通过育种途径，选育具有不同基因型的抗病、耐病或避病而又高产、优质的棉花品种。棉花感、抗病品种不同病级产量、经济性状和纤维品质检测结果分析表明，枯萎病病级越高对棉花各性状和棉纤维品质影响和危害越大。

(2)抗旱性状　新疆属典型的灌溉农业区，水资源匮乏和利用水平低下将成为影响新疆棉业可持续发展的一个重要限制因子，筛选抗旱种质资源、培育抗旱性的棉花品种是一个有效的解决途径。抗旱性是受许多形态、解剖和生理生化特性控制的复合遗传性状，品种间抗旱性存在较大的差异。

(3)抗盐碱性状　目前已基本明确耐盐性状的遗传是以加性效应为主，受一对显性主基因控制，在杂交后代具有较高的狭义遗传力。一般来说，在重盐碱地，耐盐品种较感盐品种表现较大的产量潜力；但在轻盐碱条件下，抗盐性与产量品质性状的表现则呈负向遗传相关性。

6.机采性状

棉田机采要求棉花植株直立不倒伏，高度较一致，茎秆坚韧有弹性，株型较紧凑，第一果枝距地面高，光叶、苞叶小、齿刻浅，棉龄成熟时苞叶自然脱落，吐絮集中，棉瓣易于脱壳，籽棉间链接力强。

不同品种在株高、果枝始节位、果枝始节位高度、果枝数、果枝夹角、最长果枝长度、结铃数等农艺性状方面有不同的表现。在一定范围内，果枝始节位越高、株型越紧凑，越有利于采棉机作业。始果节高度范围为14.6～24.1 cm，平均为18.8 cm，符合机采棉始果节位高度不低于20 cm。

果枝数过多则果枝间距越小，越不利于机采，过少则影响产量，所以果枝数保持在平均数左右较好。果枝夹角越小，越有利于机采。果枝长度较短的品种有利于机采。为了减少机械采摘的含杂率，要求棉花品种对脱叶剂敏感，摘锭式采棉机要求脱叶率90%以上，指杆式采棉机要求脱叶率在85%以上。

（三）棉花的生育特性

1.喜温、好光性

棉花原产于热带、亚热带地区，长期适应于温暖的气候条件，是典型的喜温作物，棉花遇到低温会出现冷害或冻害。一般种植棉花的地区,无霜期应在 150 d 以上,全年≥10 ℃的积温在 3 000 ℃以上。

棉花幼苗在−1 ℃时即可被冻伤,−3～−2 ℃时即可受冻死亡。10 ℃以下的低温持续 3 d 以上会造成棉花烂种,出苗率大幅度下降。棉花生长发育的一般温度为 15 ℃以上,19～20 ℃以上才能现蕾,25～30 ℃最适宜开化现蕾,形成纤维素必须在 20 ℃以上;一生中生长最适温度为 25～30 ℃,超过 40 ℃则生长发育不良,脱落增加。

新疆的气温一般在棉花生长前半期(7 月上旬至 8 月中上旬)平均为 25 ℃左右,符合棉花生育要求,但以后平均温度低于 24 ℃,8 月底至 9 月初平均温度低于 20 ℃,对棉铃的生长及纤维的发育均不利。新疆棉区在棉花栽培中,应尽量促使棉花早现蕾、早开花、早结铃,这是提高棉花产量和改善品质的关键措施。

新疆各地的光照条件基本可以满足不同品种棉花的需要。

2.无限生长习性

棉花原为多年生植物,经过长期驯化,变为一年生植物,但仍具有多年生习性。在适宜的条件下,其主茎和侧枝不断分化形成分枝,并现蕾、开花、结铃,因而植株的丰产潜力很大。但在新疆有限的生长季节和特殊的气候条件下,必须恰当的控制这一特性,合理掌握其应有的果枝数和蕾铃数,充分利用生长季节,既要防止早衰,也要防止贪青晚熟,促使其正常成熟。

3.株型可塑性强

棉花同一品种,在不同的条件下,其株型变化很大,既可形成高大松散型,也可控制为矮小紧凑型。由于新疆独特的气候条件,棉区广泛采用“矮、密、早、膜”的栽培模式,根据当地的气候条件、栽培水平,通过水肥、密度、整枝和化学调控技术,合理调整群体结构,控制株型,以达到高产、优质、低成本、高效的栽培目的。

4.营养生长与生殖生长并进的间长

棉花植株现蕾以前,便进入花芽分化期,即由营养生长转入营养生长与生殖生长并进的生长阶段,直到吐絮才结束,历时 70～90 d,占全生育期 1/2～2/3。这段时间棉花植株既有根、茎、叶等营养器官的生长,又有蕾、花、铃等生殖器官的生长,植株体内的养分分配十分紧张,若栽培措施运用不当,肥水较大,偏于营养生长,生殖生长较弱,形成“高、大、空”的贪青晚熟长势,则产量低;若肥水条件不良,偏于生殖生长,植株生长过弱,形成“矮、小、空”的早衰长势,则产量也低。栽培中,应协调好两者的关系,实现棉花早熟、高产、优质。

(四)棉花原种繁育技术

棉花原种的生产方法可分两种:一种是由育种者种子直接繁育,另一种是采用“三圃制”“二圃制”的办法即“选株自交、株行比较、淘汰劣行、混收优行”的株行筛选法进行,具体步骤参照 GB/T 17317 的操作规程。

目前国内外较盛行的棉花原种繁育技术主要有两种，即“三圃制”和“自交混繁法”。

“三圃制”即株行圃、株系圃、原种圃。此法是以单株选择为基础，特别强调优中选优；以分系比较为核心，选优汰劣；结合混合繁殖形成了较完整的良种繁育程序。因“三圃制”的良种繁育方法有一套较严格的田间调查、群体比较、室内考种、综合分析的技术程序和要求，故繁育出的种子纯度高、质量好。该方法的缺陷：一是要求技术人员素质高，且对某品种的特征要了如指掌，否则，选出的单株会偏离本品种的种性；二是该方法从选单株开始，全过程要经过4次考种，9次田间鉴定，繁育程序烦琐，工作量大，时间长，繁育速度慢。

“自交混繁法”是我国南京农业大学陆作楣教授等针对棉花异交率较高（8%～10%），在开放授粉条件下杂种个体逐代增加，混杂和剩余变异促成品种退化的原理，创建的一种新的棉花良种繁育技术。本方法采用自交保种、混系繁殖、“一圃二田”的种子繁育程序。设置有保种圃、基础种子田、原种田，以保持纯合优良且整齐一致的基本材料为核心，使原种生产保持有相对稳定的种质库，使品种群体的遗传性有较可靠的重复性。以连续多代家系选择为主要手段，减少了环境干扰，提高了选样的可靠性。在各家系的繁衍过程中，系谱清晰，能及时汰劣留优。与“三圃制”比，具有程序简单、方法简单、可大量节省工时、繁殖系数高（“一圃二田”三者比例为1∶20∶500）、产种量多、生产的原种质量高而稳定等特点。它的弊端仍然在于选择自交单株时，技术人员对某品种种性的判断易产生差异，不适合技术力量较弱的地区。

任务一　良种繁育前期工作

【任务目标与质量要求】

根据种子企业棉花良种繁育任务和目标，在了解当地棉花种植条件、品种布局、种植水平的基础上，研究制订生产部棉花良种繁育工作计划、选择落实种子田，并与制种户签订良种代繁合同。编制棉花良种繁育技术规程，利用农闲针对制种户开展必要的技术培训。到育种单位采购、准备足量的原种，按照代繁合同发放原种或亲本的种子。

【学习产出目标】

(1)制订棉花良种繁育计划。

(2)落实种子田。

(3)签订良种代繁合同。

(4)组织制种户，进行技术培训。

(5)原种准备、发放，并做好记录。

【工作程序与方法要求】

一、制订制种生产计划

（一）工作内容

根据良种生产部下达的任务和各项指标，制订年度制种生产计划。制种生产计划制订的内容：①制种目标任务和各项指标；②人员聘用、配置与培训；③成本预算；④制种面积落实；⑤技术措施与种植户培训观摩；⑥管理办法及考核奖励办法；⑦质检管理等。

（二）工作要求

清楚制种任务，明确工作措施、人员配置、成本费用、管理考核指标。

【业务知识与经验分享】

1.如何选择棉花良种繁育田

多年良种繁育的实践证明，良种繁育户和良种繁育田的选择是关系到良种繁育工作成败的一个关键因素，良种繁育田必须集中连片，有一定的隔离区，才能有效防范机械混杂和生物学混杂。在农户的承包地里繁育种子，由于地块小而分散，农户的认识难以做到统一，而且管理水平有差异，种子的品质和产量得不到保证；下潮地虽然土壤肥力条件好，由于受光热条件差、无霜期相对较短等不利条件的影响，一般年份，生产出的种子健籽率低、产量不高等，这些因素的存在严重制约了良种繁育工作发展。膜下滴灌技术、精量播种技术、测土配方施肥技术以及机采棉种植模式等的集成配套应用。如在新疆，与戈壁较为丰富的光热资源、无霜期相对较长、适宜的隔离区、土地规模化经营程度高、方便管理等优点相结合，可提高种子的品质和产量，良种繁育户的收入明显提高，良种繁育基地得到稳固。

2.戈壁地如何清理棉田及培肥地力

戈壁地土地瘠薄，戈壁石多，在播种前和采棉结束后，要及时捡拾直径在 3 cm 以上的戈壁石，并运出田外。棉花收获完毕后，清理棉田残秆残茬，人工或机械清理回收残膜及滴灌带，收拾好地面支管并入库存放。播种前结合犁地人工捡拾残秆残膜一遍。新疆精河的做法是：入冬前将棉秆机械粉碎还田，同时每公顷施腐熟好的有机肥 30～45 t，并根据实际，从土层深厚的地方取土，每公顷施 45～75 t，撒施于地表，翻入耕层。播前整地时，每公顷施 50%禾耐斯 900～1 050 mL，或者 33%二甲戊灵 2 700 mL，兑水 750 kg，均匀喷施，然后平整好土地待播。

3.棉花良种繁育面积确定的方法

一般棉花种子的繁殖系数为 1：(20～25)，如果采取精播稀植，繁殖系数可达到 1：(40～50)。但这种繁殖方法风险较大，只有在种子量稀少、价值高，种子质量、土地条件、气候条件栽培管理技术充分保障的情况下可以运用。一般播种量 60～67.5 kg/hm^2 光籽，精播稀植播种量 15～30 kg/hm^2，每公顷生产毛籽 1 500～1 800 kg，毛籽加工出籽率 80%，产光籽 1 200～1 500 kg。

例：生产 100 t 种子(光籽)需生产 125 t 毛籽，生产上应安排种植 80～87 hm^2 种子生产田，需原种 5～6 t，精播稀植可降低原种的使用量。

4.种子企业不同级别技术员负责制种面积标准

生产部经理：负责生产片区。

技术骨干：负责 333.3～666.7 hm^2(5 000～10 000 亩)。

一级技术员(公司连续工作 6 年以上，考核优秀)：负责 200 hm^2(3 000 亩)。

二级技术员(公司连续工作 3 年以上，考核合格)：负责 134.4 hm^2(2 000 亩)。

试用期技术员(顶岗实习参照)：负责 66.7 hm^2(1 000 亩)。

二、落实制种面积

(一) 工作内容

公司统一管理，制种生产部门指导，各生产部门负责实施，全员参与。

(1)依靠政府、稳定基地。使公司的发展同政府的发展紧密结合；实现公司生产、加工的本地化，切实解决政府、农民的实际问题。

(2)开展多种形式交流活动，扩大公司知名度。制种期间组织相关农户、领导进行观摩、交流。冬季邀请相关人员来公司座谈，加强相互沟通。

(3)调查农村现状，确定基地分布。结合参观交流活动和实地调查的方法，掌握制种区及未制种区各村、镇、县的种植结构、土地状况、水源状况、生产条件、科技水平、劳动力资源、农户需求等，为确定基地提供信息。

(二) 工作要求

长远规划，建立公司稳定的制种基地。落实本年度制种面积。

【业务知识与经验分享】

棉花良种繁育种子田选择注意事项

(1)繁育品种集中连片，根据良繁面积最好村或乡镇全部种植良种繁育的品种，避免机械混杂和不同品种间传粉。同时也方便统一收购、轧花。

(2)良繁基地乡、镇、村或团场、联队领导重视，能够统一组织协调棉花繁种工作。

(3)种子田四周 50 m 之内不得种植其他品种的棉花，原种的隔离区为 100 m 以上.

(4)繁种区气候和栽培条件要能完全满足本品种生长的需要。

(5)土壤没有枯萎病、黄萎病病原。

(6)加工设备、场地要配套，能满足单收、单晒、单脱、单贮的要求。

二、签订代繁合同

（一）工作内容

各生产部门负责种子生产基地的评价、选择、合同签订工作。

合同签订之前要充分考察制种户田块、技术水平、劳力现状、隔离条件等因素，符合要求，再按公司统一合同文本及合同签订相关要求签订代繁合同。

（二）工作要求

合同签署规范。

三、亲本准备与发放

（一）工作内容

按照制种计划和种子田落实情况（表 3-3-5），准备亲本，并检查亲本质量。

各生产部门提前按照合同制种户名单、面积，制订制种户亲本发放单，严格亲本发放程序，按要求办理财务手续，严禁出错。

（二）工作要求

发放程序规范、准确无误。

表 3-3-5　制种面积、原种发放情况记录表

制种地点：　　　　编号：　　　　序号：

填表人：　　　　年　　月　　日

序号	品种	地号	面积	原种数量/kg	户主签名	备注

任务二　播种与田间管理

【任务目标与质量要求】

良种繁育田棉花播种和田间管理除不允许化学催熟外,其他措施基本同于大田棉花栽培技术。按照良种繁育工作计划,指导制种户提高播种质量和田间管理水平,做好田间档案记载。

【学习产出目标】

(1)按要求选地。

(2)种子准备。

(3)高质量完成播种。

(4)填写田间档案(表 3-3-6,表 3-3-7)。

播种

(一)工作内容

(1)播期　一般在 5 cm 地温 5 d 稳定通过 14 ℃时,就是棉花的播种时期。

(2)播量　应根据播种方式、发芽率高低、留苗密度及土壤墒情状况而定。

(3)播深　棉花播种要浅下种,播种深度严控在 1～1.5 cm,覆土严控在 1～1.5 cm,深浅要一致;要匀下种,空穴率不超过 2%;要严控错位,错位率不超过 2%;覆土要少、要匀,漏封孔率不超过 3%,膜孔覆土厚度不超过 1.5 cm。

(二)工作要求

保证播种质量,确保一播全苗。播种质量力求做到“浅播种、匀下籽、低错位、少覆土、匀覆土”。覆膜质量要求“直、平、严”。

【业务知识与经验分享】

1.棉花良种繁育田的播前土地准备

秋耕冬灌式茬灌冬翻,犁地前进行全层施肥,有机无机肥相结合,将全生育期的磷肥和 20%的氮肥一次性均匀撒施于地表、深翻。犁地后对制种田进行切耙整地。以利于开春时及时保墒、整地播种。

2.棉花良种繁育田原种种子质量标准

按照制种面积准备足够的种子,还应按总播种量 10%～20%准备抗灾补种用种,以预防播后受灾。原种种子质量要求:籽粒饱满,健籽率不低于 85%。破损率低,不高于 5%或 8%,如破损严重需人工粒选。种子均匀整齐,发芽率(成苗)大于 80%,如精播要达到85%以上,播种前用杀虫剂、种衣剂(卫福按0.4%)进行拌种,阴干,即可播种。

在此项工作中应特别注意拌种工作,首先不能和其他种子发生混杂,其次慎重选择和严格按标准使用种衣剂,地方上有许多农民使用杀菌剂拌种,用量过大易造成棉种休眠,出苗困难。

3.棉花播种技术要求

(1)晒种和选种　一般在播种前15 d进行晒种。晒种可以打破棉种的休眠状态,有效杀灭棉种表皮病菌,减轻苗期病害,促进种子后熟,增强种子吸水力和种皮透气性,提高种子发芽率和发芽势,促进种子萌发出苗。毛籽种子要在强光天气条件下暴晒3~5 d,每天晒5~6 h,一般摊晒厚度不超过10 cm,每天翻动3~4次,以保证晒匀晒透。脱绒包衣种子,要在弱光天气条件下晾晒1 d左右。晒种时,特别注意不要石板上、水泥地面或塑料薄膜上晒种,以避免高温灼伤棉种,影响种子发芽率。晾晒过程中或晒种后,应人工粒选棉种,以提高种子质量。

(2)药剂拌种　药剂拌种可以杀死种子携带的病菌和播种后周围土壤中的病菌,以提高出苗率,防治苗期病害;配合使用杀虫剂拌种,可以减轻苗期虫害。拌种药剂含有一定量的杀菌剂、杀虫剂及适量的植物生长调节剂等。常用的药剂和处理方法是:按50 kg干棉种用1 kg福多甲拌种,或用50%福美双可湿性粉剂拌种;或用40%拌种双可湿性粉剂拌种。

(3)足墒播种　由于棉种萌发出苗对水分、温度和氧气条件要求严格,尤其是水分,冬季雨雪稀少,土壤墒情差是常年影响出苗的限制因素。因此,有水浇条件的,播种前必须适时造墒,一般要求不迟于播前15 d左右进行浇灌,以确保地温及时回升,不影响播种。无水浇条件的,要采用"水种包包"抗旱播种方式或地膜覆盖。滴水出苗的地方,要在播种后24小时内布好管,滴好水,水量不可太多,使水湿润棉花种子行过两指即可。

(4)适期播种　温度是决定播期的重要依据。一般在5 cm地温5 d稳定通过14 ℃时,就是棉花的播种时期。根据气候条件,棉花适宜播种期是一般在4月上中旬。但是近几年由于受倒春寒影响,这个时期常有阴雨天气,气温低土壤湿,常造成棉花苗病发生重,死苗严重,不利于保全苗。一般从终霜期考虑,掌握"冷尾暖头"抢时播种。近几年无霜期加长,一般霜降期推迟到11月上旬,因此可以适当晚播几天,以有利于保全苗。

(5)适量播种　应根据播种方式、发芽率高低、留苗密度及土壤墒情状况而定。点播或穴播,每穴1粒,每亩需种子1~2 kg;播种量不能过大,否则,既浪费种子,出苗后又易形成高脚弱苗,病害发生重。

(6)适宜播深,确保播种质量　棉花播种要浅下种,播种深度严控在1~1.5 cm,覆土严控在1~1.5 cm,深浅要一致;要匀下种,空穴率不超过2%;要严控错位,错位率不超过2%;覆土要少、要匀,漏封孔率不超过3%,膜孔覆土厚度不超过1.5 cm,力求做到"浅播种、匀下籽、低错位、少覆土、匀覆土"。

表 3-3-6　棉花良种繁育田间档案记载表

合同户编号		户主姓名	
地块名称（编号）		制种面积	
前茬及隔离情况			
播前整地情况			
基肥施用量			
种肥施用量			
种子处理			
播　期		播　量	

记载人（签字）：　　　　　　　　　　记载日期：　　年　　月　　日

审核人（签字）：

表 3-3-7　棉花制种田播种质量检查记录

检查项目	检查记录	备注
播前整地质量		
播量/（kg/亩）		
播深/cm		
覆土、镇压、墒情		
覆膜质量		

记载人（签字）：　　　　　　　　　　记载日期：　　年　　月　　日

审核人（签字）：

任务三　良种繁育田去杂

【任务目标与质量要求】

根据棉花生长发育特点，分别在苗期、开花前和花铃期组织制种户进行田间去杂。技术员在去杂后进行去杂田检并做记录。

【学习产出目标】

(1)组织制种户田间现场培训，能够识别杂病、病株。

(2)组织制种户田间去杂。

(3)填写田间档案，做好质检记录。

一、制种户培训

(一)工作内容

从叶形，幼茎、子叶形状，株型等性状鉴别杂株，结合间苗、定苗作业去除杂株、病株、劣株、怀疑株。

(二)工作要求

技术员在了解繁育棉花品种特性的前提下，在去杂前组织制种户田间现场培训，使每个制种户能够识别杂株、病株。

二、去杂

(一)工作内容

(1)苗期　要求去杂要狠，对不确定的可疑苗也要结合间苗、定苗及时去除。

(2)开花前　根据株型、果枝类型、叶片形状、早熟性等品种特性，组织人力，集中去杂一次。

(3)花铃期　棉花吐絮采收前根据棉铃性状、株型、果枝类型、叶片形状、早熟性等品种特性再组织一次去杂。制种技术员经过田间检验为制种户发放“种子田纯度验收合格卡”。

(二)工作要求

严格去杂，田间杂株率不超过3%。

【业务知识与经验分享】

1.棉花纯度鉴定依据的性状

(1)植株性状

①茎秆　茎秆高矮、粗细及茸毛的有无和多少；茎色分紫色与绿色。

②株型　分塔型、筒型及松散型或紧凑型等。

③果枝着生姿态　分平行、上斜、下垂。

(2)叶片性状

①子叶　子叶的形状、大小、颜色。

②真叶　真叶大小,叶裂多少及深浅,叶色深浅,叶面光泽程度,叶面茸毛多少和长短。

(3)铃的性状　包括铃形、铃的大小、铃的颜色、铃嘴的长短、铃壳表面腺体的多少与分布、光滑程度等。

(4)棉籽性状　包括纤维平均长度、纤维整齐度、棉籽形状大小、颜色;短绒有无及多少等。

种子的纯是相对的,种内变异的存在、天然杂交及棉花收获加工过程中的机械混杂等均是造成种子纯度降低的原因,所以,在基础种子田、原种田及良种田中仍需加强去病、杂、劣株工作。由品种选育者或非常熟悉本品种特性的技术人员提前对去杂人员进行技术培训,讲解病、杂、劣株类型及去除方法,然后参与去杂人员逐膜查找病、杂、劣株,并割除,集中收到种子田外堆放,待吐絮后,统一采摘,单独销售。

2.棉花选株去杂的“八不要”“五要”

“八不要”是:①不要选病虫害严重的棉株。枯、黄萎病是制约棉花产量的顽症,棉籽又是病菌的载体,病菌可以随着棉籽迅速传播。因此,对感枯、黄萎病的棉株和抗虫性不好的棉株一定要淘汰(而在重病地表现良好的棉株则可以留种)。②不要选伏前桃和晚秋桃。伏前桃和晚秋桃生长发育不良,成熟度差,铃重轻,种子发芽率低,长势弱。③不要用“剥桃花”的棉籽。有些棉农对发育较为充分的伏桃,仍然有“剥裂嘴桃、摘湿花”的旧习,由于湿花没有充分成熟,更没有完成后熟作用,绝对不能留种。④不要用喷乙烯利等催熟剂的棉籽。喷施乙烯利虽可促棉花早熟5～7 d,但对棉籽损伤较大,致使其发育不全,不能做种。⑤不要用退化严重的品种。棉花是常异花授粉作物,异交率在3%～20%,抗虫棉品种在经过几年的连续繁殖过程中,如果不加以提纯复壮,常因昆虫传粉而造成生物学混杂。对纯度不高的地块应避免留种。⑥不要选杂交棉品种。在当前的科技水平下,杂交棉品种并不完善,且F_2代的分离现象十分严重,应避免采用。⑦不要在水泥地面上晒。在水泥地面上晒含水量较高的棉籽,会使部分棉籽形成“哑籽”,失去发芽能力。⑧不要与农药、化肥一起存放。有些农户将棉籽与农药、化肥长期存放在一起,由于通气不良且农药、化肥散发的有毒气体损伤棉籽,造成发芽率锐减。

“五要”:①要选择品种纯度高的地块;②要选择无病虫害的棉株;③要抛开田边地头而在地中央选种;④要选择“伏桃”;⑤要用完熟的“干花”。

3.棉花良种繁育田栽培管理应注意的几个问题

对繁种棉田采用与生产棉田相同的栽培管理措施会影响棉种质量，如以频繁的大促大控作为获得皮棉高产的主要手段，会使棉籽种皮明显加厚，种仁比正常棉籽减少5%～10%；化学调节剂会阻碍棉籽自然发育进程，内部同化物质转化不彻底；氮素过多，造成棉籽后熟期延长，播种后胚根生长弱，成苗嫩；棉花生长后期用乙烯催熟，也将胁迫棉籽提前成熟，造成先天不足，饱满度下降。

在棉花繁种工作中，应注意以下几点：一是必须明确棉花繁种田应以繁种为主，兼顾皮棉生产；各项栽培管理技术措施应以提高棉种产量，保证棉种质量为主，兼顾皮棉产量和质量。二是必须根据各品种棉籽生长发育情况采用配套栽培管理技术措施，以提高棉籽产量，保证棉种质量。

任务四　收获、质检与轧花

【任务目标与质量要求】

棉花成熟以后进行收获、交售、轧花、存放，严格防止各环节混杂。

【学习产出目标】

(1)组织制种户适时收获。

(2)组织制种户及时晾晒，促进种子后熟。

(3)达到水分要求后，及时交售到指定轧花厂。

【工作程序与方法要求】

适时收获，晾晒加工

（一）工作内容

棉花成熟以后进行收获、交售。收获时应注意：①不摘不成熟的棉花；②集中劳动力采收霜前花。

收获的籽棉及时进行晾晒，促进种子后熟。达到水分要求后及时交售到指定轧花厂。轧花厂需要将种用籽棉单独存放，集中轧花，以防机械混杂。

（二）工作要求

严格防止收获、晾晒、加工等各环节混杂。

【业务知识与经验分享】

1.棉花良种收获环节要求

(1)严禁摘不成熟的棉花　棉桃要正常成熟吐絮后再收摘，个别地方棉农有白天揪桃、晚上摘花的做法，这种做法容易把未成熟的籽棉揪下影响种子的成熟度，而且会降低棉纤维的产量与质量，因此保种棉严禁摘生花。

(2)分类摘花　收摘时注意剔除虫蛀瓣、僵瓣，多摘内围铃桃，少摘外围铃桃，不摘尖子花。

(3)按时收摘种籽棉　收摘种籽棉要及时检验健籽率，凡健籽率低于75%的籽棉一般不宜再作为种籽棉收贮加工。不早衰的棉田一般正常年份10月20日以后再开的棉花不宜作为种籽棉。收摘种籽棉要选择晴天进行，减少籽棉的含水量。

2.棉花良种加工环节要求

(1)及时晾晒籽棉　籽棉收摘后要及时晾晒，防止衣干籽潮，一般含水量不得超过11%。

(2)籽棉存放　收购上来的同一品种籽棉要单独存放。由于收购时间、籽棉质量不同，籽棉垛存放时间不宜过长，一般不超过30 d，在此期间要及时查看垛温，垛温不宜超过37℃，如果超过棉籽就会有霉变的危险。所以收购来的籽棉应尽快加工，将棉纤维与棉籽尽快分离，更便于晾晒、烘干。尤其在阴雨天多、湿度大的年份表现更为突出。

(3)种籽棉加工前的准备　种籽棉加工前要将加工机械空转5 min，停车后彻底清除各个加工机械每个角落散落的籽棉和棉籽。开车后加工0.5 h以内的种子要单独存放。

(4)调试好加工设备　在整个籽棉加工工序上要尽量减少棉籽与机械碰撞摩擦次数。调整好肋条与锯片的间隙，使之空转自如、间隙适中。加工籽棉时一般开二挡，尽量不使用新锯片。轧花后的棉籽残绒率较高，一般都不能直接进行深加工处理，所以要进行深加工前的机械剥绒。机械脱绒要轻脱少伤种皮，减少破损率，目前一般使用141剥绒机或是棉机生产厂家新研制的少伤种皮、减少破籽的机型。剥绒后的棉籽残绒量一般控制在8%以下，破籽率在5%以内。有的品种种皮坚、硬度差，应灵活掌握挡车技术，减少破籽率。

(5)种子深加工前的存放　剥绒后待深加工的棉籽存放时，垛温一般在20 ℃，最高不超过30 ℃。散垛存放时要设计好通风道，装好风机，晴天中午强行通风，以降低垛温和散潮气。最好在深加工前进行晾晒或烘干处理。

3.棉花收获、加工、贮藏过程中应注意的事项

在棉花价格较好的年份，收购的籽棉容易水分偏高。棉种繁殖户在经济利益的驱动下，不顾种子质量，提前采摘，个别棉农还在棉花内加水，以取得更高的经济效益，而企业为了抢收到棉种，在对水分不进行任何检测的情况下予以收购，收购后又无法晾晒，大垛堆放使棉花水分无法散失，结果使种子在含水量高的情况下贮藏，对种子产生以下影响：

一是促进了自养呼吸，使堆内温度升高，呼吸作用旺盛，加速了养分的消耗。

二是使代谢加快而积累大量的对棉花种子产生毒害的酮类和醛类。这些有害物质不仅破坏了种子的正常生理活动，使种子产生呼吸障碍而丧失生活力或发生霉变，而且破坏种子的胚乳，使种子出芽就死，或破坏了胚芽，造成不发芽。

三是在高水分条件下，棉花种子受潮发热或滋生大量微生物，使棉种发霉变质。

四是在脱绒中使摩擦力加大，引起发热，伤害种子，使其丧失发芽能力。

收获的种棉，水分一定要降到12%以下才能入库。

4.制种田收花过程中应注意的问题

(1)吐絮盛期集中劳力采摘，使棉籽充分成熟降低棉籽含水量和红籽比例。

(2)采摘过程中严格要求质量，生花、僵瓣花严禁混收。

(3)上午12:00之前采摘的籽棉必须进行晾晒，降低棉花水分。

(4)种子花单收、单垛避免和其他棉花混杂。

5.棉花种子质量标准

根据国家标准GB 4407.1的规定，棉花种子分为棉花毛籽和棉花光籽两类，每一类又分成原种和大田用种两个等级(表3-3-8)。

表3-3-8 棉花种子质量标准 %

种类	级别	纯度不低于	净度不低于	发芽率不低于	水分不高于
棉花毛籽	原种	99.0	97.0	70	12.0
	大田用种	95.0			
棉花光籽	原种	99.0	99.0	80	12.0
	大田用种	95.0			

6.轧花应注意的问题

(1)轧花前必须对轧花机的吸棉管道、储棉箱、轧花机体、棉籽输送搅龙、剥绒机、棉籽堆放场地进行彻底清理，以尽量减少不必要的混杂。

(2)轧花时对开机后一段时间内所轧出的毛籽进行报废处理，不作为留种用。因为其中混有较多的机中未清干净的异品种毛籽，而且调试轧花机、剥绒机使其稳定运行过程中毛籽破损较大。

(3)严格控制轧花机运转速率和剥绒机剥绒程度，尽量降低机械损伤。机损率应控制在8%以内，短绒率控制在10%左右。一般剥绒的头道短绒正常剥，二道轻剥，不过三道剥绒。

7.棉花毛籽的储藏要求

(1)棉花毛籽水分应控制在10%以内，如果达到11%，毛籽可短期存放；如果达到12%，毛籽不可堆放，必须进行摊晒。

(2)毛籽的储藏应该选择干燥的水泥地进行堆放，毛籽堆四周用编织袋装同一品种毛籽码成墙，堆垛的大小、高度视毛籽数量而定，一则节约场地；二则防止混杂。垛与垛之间最少间隔 1 m。毛籽垛堆好后可不加盖，雨雪天必须用篷布及时加盖。垛底四周筑好防水墙和排水沟。

(3)毛籽水分较高(11%左右)的堆垛，在存储期间应定期(2～3 d)用种子堆测温仪(长 1.5 m 以上的温度计)进行多点测温，如果发现内部温度上升，应立即采取措施(提前加工、摊垛晾晒、倒垛降温降湿)。

8.棉花种子加工后质量指标及常用工艺参数

(1)泡沫酸(稀硫酸)脱绒前对毛棉籽的技术要求：净度≥97%，健籽率>75%，破籽率≤5%。发芽率≥70%，水分<12%，短绒率≤9%。

(2)泡沫酸(稀硫酸)脱绒后光籽的质量指标：残绒率≤0.5%，残绒指数(27)，残酸率<0.15%，净度≥99%，发芽率≥80%，水分≤12%，破损率(含化学损伤)<7%。

(3)包衣棉种的质量指标：发芽率≥80%，水分≤12%，破籽率<8%，包衣合格率≥90%，种衣牢固度≥99.65%。

【知识拓展】

利用 SSR 分子标记鉴定棉花品种真实性和种子纯度

品种真实性和种子纯度是种子质量最重要的指标。传统的通过田间小区种植，利用形态特征鉴定种子纯度的方法，具有周期长、易受环境和人为因素影响、属于事后控制等缺陷，与种子企业需要快速检验结果的要求不相适应，难以有效消除种子企业的质量风险。近年来，随着分子生物学技术的迅速发展，利用 SSR 分子标记鉴定品种真实性和种子纯度的技术逐步成熟，中棉种业科技股份有限公司(以下简称“中棉种业”)在利用分子标记鉴定棉花品种真实性和种子纯度的反复实践中，逐步形成了自己的检验规程，在企业经营中发挥了较好作用。

1.利用 SSR 分子标记鉴定品种真实性和种子纯度的基本原理

生物的基因组中，特别是高等生物的基因组中含有大量的重复序列，根据重复序列在基因组中的分布形式可将其分为串联重复序列和散布重复序列。其中，串联重复序列是由相关的重复单位首尾相连、串联排列而成的。目前发现的串联重复序列主要有两类：一类是由功能基因组成(如编码 rRNA 和组蛋白基因)；另一类是由无功能的序列组成。根据重复序列的重复单位的长度，可将串联重复序列分为卫星 DNA、微卫星 DNA、小卫星 DNA 等。微卫星 DNA 又叫简单重复序列，指的是基因组中由 1～6 个核苷酸组成的基本单位重复多次构成的一段 DNA，广泛分布于基因组的不同位置，长度一般在 200 bp 以下。研究发现，微卫星中重复单位的数目存在高度变异，这些变异表现为微卫星数目的整倍性变异或重复单位序列中的序列不完全相同，可表现出多个位点的多态性。基于这一想法，人们发展出了 SSR 标记，该标记也是目前种子分子鉴定中最常用的标记。由于基因组中某一特定的微卫星的侧翼序列通常都是保守性较强的单一序列，可以将微卫星侧翼的DNA片段克隆、测序，然后根据微卫星的侧翼序列就可以人工合成引物进行PCR扩增，从而将单个微卫星位点扩增出来。由于单个微卫星位点重复单元在数量上的变异，个体的扩增产物在长度上的变化就产生长度的多态性，这一多态性称为简单序列重复长度多态性（SSLP），每一扩增位点就代表了这一位点的一对等位基因。由于SSR重复数目变化很大，所以SSR标记能揭示比限制性片段长度多态性（RFLP）标记高得多的多态性，这就是SSR标记的原理。

与其他分子标记相比，SSR标记具有以下优点：①数量丰富，覆盖整个基因组；②具有多等位基因的特性，多态性丰富；③以孟德尔方式遗传，呈共显性；④每个位点由设计的引物顺序决定，便于不同的实验室相互交流合作开发引物。目前，该技术已广泛用于遗传图谱的构建、目标基因的标记、指纹图谱的绘制等研究中。近年来，SSR标记在种子检验中应用速度发展很快。

2.利用SSR分子标记鉴定品种真实性和种子纯度应用效果

（1）省时高效　传统的通过田间小区种植，利用形态鉴定棉花品种真实性和种子纯度的方法，往往需要在第二年8—9月才能获得鉴定结果，即使种子生产出来的当年到海南进行加代鉴定，也需要在来年的3—4月获得鉴定结果。鉴定结果出来时，被鉴定的种子批往往已经销售一空，更多的情况下则是已经种植到田间。因此，传统鉴定方法属于事后控制，难以真正发挥监管作用。利用SSR分子标记技术鉴定品种真实性和种子纯度时，如果提取棉花叶片的DNA，即使加上种子发芽成苗需要5～7 d的时间，9 d左右也可获得纯度鉴定结果。后来采用改进的DNA提取技术，直接用种子提取DNA，鉴定速度大大加快，24 h就可以获得鉴定结果。

（2）减少成本　传统的通过田间小区种植鉴定品种真实性和种子纯度的方法，每亩可鉴定50个样品，一个样品平均费用需要55元左右；利用SSR分子标记技术鉴定，一个样本检测费用在60元左右，与传统鉴定方法的费用基本相当，能够被种子企业所接受。为防止种子质量不达标，在棉花种子生产季节，中棉公司每年派出30多人，进驻生产基地，吃住在村里，进行全程监督管理，后期采用地头收购籽棉等办法的时候，在前期基础上，后期需要进一步增加监督管理人员，这使得种子生产管理成本高达2元/kg。中棉公司采用利用分子标记技术鉴定种子纯度后，通过会议，广泛宣传“分子标记技术鉴定种子纯度准确快速”，种子送至公司后，经检查合格后公司收购，不合格则退还给制种农户，把责任和质量压力传导给群众，此举使得农户的责任心大大增强，掺杂使假现象明显减少，不仅种子质量大大提高，而且进驻基地的管理人员由原来的30多人减少至5人，仅此一项，每年可以减少生产成本50万～80万元。

（3）化解纠纷　生产基地上交种子的时间一般为每年的10月底至11月底，在未应用SSR分子标记技术鉴定前，为保证市场需求，中棉种业对基地送来的种子只能在对发芽率指标初步检测后就进行加工，而无法在加工前对品种真实性和种子纯度进行检测。

在来年田间小区种植鉴定结束后，如果发现纯度达不到合同约定标准，在与生产基地进行协商扣款时，基地推诿说是“中棉公司在加工环节、种植环节导致混杂”，供需双方往往出现纠纷；如果对双方封存的样品进行再次鉴定，又需要长达一年的时间。采用 SSR 分子标记技术后，可以在种子加工前及时鉴定种子纯度，如果基地认为鉴定结果不准确，可以申请进行二次复检，对复检达不到约定标准的种子，公司直接予以拒收或者重新协商价格，此举可减少、化解与生产基地发生纠纷的尴尬现象。

(4)降低风险 传统的通过田间小区种植鉴定品种真实性和种子纯度的办法，在鉴定结果出来前，被鉴定的种子批已经销售出去甚至已经种植到田间，该方法对于控制纯度而言，属于事后控制。利用 SSR 分子标记进行鉴定，可以很快获得鉴定结果，对于达到约定标准的种子可以放心加工销售，对于低于约定标准的种子可以暂缓加工销售，以待来年进一步进行田间小区种植鉴定，这样，不合格的种子流入市场的可能性大为减少，降低了种子企业承担的质量风险。

3.利用 SSR 分子标记鉴定品种真实性和种子纯度案例

检验人员借助于国内主要的棉花品种，对 400 对引物逐一筛选，最终筛选出多态性好、带型清晰、易于辨别的 20 对核心引物。分别提取若干个棉花杂交种 F_1 待测样品及其亲本的 DNA，利用前期筛选到的 20 对核心引物进行电泳检测，最后根据电泳结果选取与亲本带型互补，带型清晰稳定的 5 对引物作为该品种纯度检测引物，如图 3-3-1 所示，Q76 和 M68 为某杂交种引物筛选电泳图，1～9 为父本，10～18 为母本，19～24 为待测样品，通过观察可发现待测样品分别在这两个引物位点上表现出双亲互补带型，且带型清晰稳定，因此确定其为该品种纯度鉴定所用引物。运用筛选得到的引物对相应品种做检测验证时，待测样品的样本数为 96 粒，检测结果表明，通过与田间小区种植鉴定结果相比较，可发现通过田间小区种植鉴定的检验结果虽然一般高于利用分子标记鉴定的检验结果，但二者呈显著的正相关关系。因此利用分子标记鉴定品种真实性和种子纯度的方法基本可行。

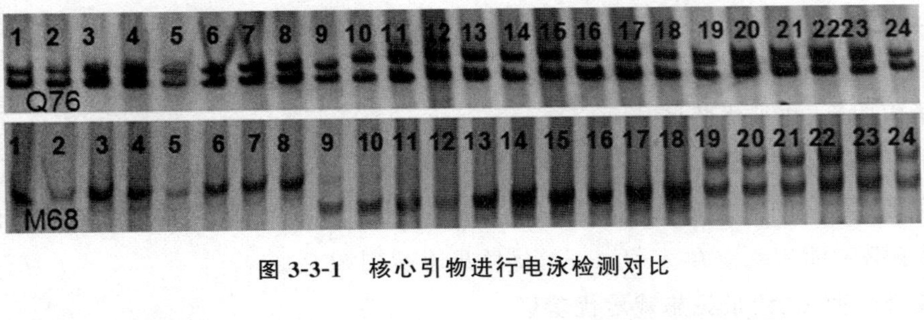

图 3-3-1 核心引物进行电泳检测对比

第四节　西瓜、甜瓜制种技术

【专业知识准备】

一、西瓜、甜瓜产业发展现状

西瓜、甜瓜在我国果蔬生产和消费中占据重要地位，不仅是带动农民就业增收的高效园艺作物，也是满足城乡居民生活需求的重要时令水果。改革开放以来，我国西瓜、甜瓜产业获得长足发展，已成为西瓜、甜瓜生产与消费第一大国。目前，我国西瓜、甜瓜播种面积已超过麻类、糖料、烟叶、药材等传统经济作物，约占种植业总播种面积的 1.5%，其产值约为种植业总产值的 6%，在部分主产区达到 20%以上。

2022 年全国西瓜播种面积达到 153.9 万 hm^2；西瓜总产量达到 6 324.1 万 t。2022 年全国甜瓜播种面积达到 38.6 万 hm^2；甜瓜总产量达到 1 377.1 万 t。

小果型优质西瓜品种、优质厚皮甜瓜品种、优质薄皮甜瓜品种的生产面积不断扩大，适应不同生态地区的西瓜甜瓜高品质简约化栽培技术得到一定的示范和应用。无籽西瓜适应性和商品性等方面的比较优势突出。小型西瓜设施密植吊栽方式成为城郊生产发展方向，中拱棚长季节高品质栽培方式在各地广泛推广，薄皮甜瓜由北向南全面推进，轻（少）整枝栽培形式有所发展。西瓜、甜瓜育苗集约化生产快速增长，主产区已经出现集约化程度较高的专业育苗工厂和育苗专业户，生产社会化服务形式的雏形开始显现，集约化、规模化西瓜甜瓜生产形态有逐步扩大的趋势。

二、国家西瓜、甜瓜规划布局

《全国西瓜、甜瓜产业发展规划（2015—2020 年）》确定西瓜、甜瓜五大优势区：华南西瓜、甜瓜优势区，黄淮海西瓜、甜瓜设施栽培优势区，长江流域西瓜、甜瓜优势区，西北西瓜、甜瓜优势区以及东北西瓜、甜瓜优势区，并重点建设西瓜、甜瓜产业重点县（市、区），提高全国西瓜、甜瓜均衡供应能力。

1.华南西瓜、甜瓜优势区

包括广东、广西、海南、福建和西南热区（云南西双版纳和四川攀枝花）。以生产反季节冬春西瓜为主，同时发展抗逆性好的优质甜瓜品种，主攻国内高档果品市场。2020 年西瓜、甜瓜播种面积稳定在 22 万 hm^2，优质果率达到 80%。

2.黄淮海西瓜、甜瓜设施栽培优势区

涉及黄河流域、海河流域和淮河流域，主要包括北京、天津、山东 3 省（市）的全部，以及河北、河南两省的大部。2020 年西瓜、甜瓜播种面积稳定在 80 万 hm^2，优质果率达到 85%。

3.长江流域西瓜、甜瓜优势区

包括西藏、四川、云南、重庆、湖北、湖南、江西、安徽、江苏、浙江、贵州和上海12个省(区、市)。积极发展反季节栽培、设施长季节栽培和异地种瓜等生产方式,延长西瓜、甜瓜上市时间,实现周年供应。2020年西瓜、甜瓜播种面积稳定在75万hm^2,优质果率达到85%。

4.西北西瓜、甜瓜优势区

包括陕西、甘肃、青海、宁夏、新疆和内蒙古西部地区。改良更新中、老砂地,减轻连作障碍,建设标准化砂田。进一步筛选培育适合在干旱带种植推广的优良品种。加大压砂西瓜、甜瓜产品的宣传和影响,拓宽市场销售渠道,增强其市场占有率和竞争力。预计2020年西瓜、甜瓜播种面积将稳定在40万hm^2,优质果率达到90%。

5.东北西瓜、甜瓜优势区

包括辽宁、吉林、黑龙江和内蒙古呼伦贝尔市、兴安盟、通辽市、赤峰市、锡林郭勒盟(蒙东地区)。重点发展特色薄皮甜瓜、西瓜等优质中晚熟品种,加快节水灌溉、抗寒栽培、病虫害综合防治,大力发展设施生产,延长产品货架期。预计2020年西瓜、甜瓜播种面积将稳定在20万hm^2,优质果率达到85%。

三、西瓜、甜瓜制种技术发展趋势

强化西瓜、甜瓜种业基础性研究,重点开展育种理论方法和技术、种质资源创新、分子生物学技术、品种检测技术、种子生产加工和检验技术等基础性、前沿性和应用技术性等公益性研究。开展抗性基因资源的鉴定和利用研究,重视西瓜甜瓜抗病机制与主要病原菌致病机制研究,加强抗病育种。促进产学研相结合,提高种业企业开展西瓜甜瓜品种选育技术水平,培育一批优质、多抗、抗逆、多类型、商品性高的西瓜、甜瓜优良品种,建立具有我国自主知识产权的现代高效育种技术体系。强化供种保障能力建设,科学规划种子生产优势区域布局,加强优势育种研发基地与良种繁育基地的规划建设和用地保护。鼓励种子企业采取与制种合作社联合协作等方式建立优势种子生产基地和现代化种子加工中心。建立国家西瓜、甜瓜品种标准样品库与核酸指纹库,为品种保护与维权,以及品种登记制度的实施奠定基础。

四、西瓜、甜瓜生物学特性及主要性状

(一)西瓜生物学特性

1.形态特征

西瓜的花着生在叶腋处,多为单性,雌雄同株,雄花在主蔓第4～5节叶腋着生,当雌花形成后,连续数节与雄花相间着生。早熟品种在主蔓第5～7片叶出现第一雌花,晚熟品种在主蔓第7～9片叶出现第一雌花,以后每间隔3～6片叶出现一朵雌花,子蔓雌花

出现节位较主蔓低；果实有圆形、椭圆形、筒形等，单瓜重一般1.5～15 kg；果皮有绿色、浅绿色、黑色或黄色，有的表面有条纹或花斑，有的没有；种子扁平，卵形或长卵形，褐色、黑色、红色、白色或棕色，千粒重一般在20～120 g。

2.花芽分化

当第1片真叶展开时，第5片叶开始分化，第3片叶的叶腋处出现雄花原基突起，花芽分化开始，到第四片真叶展平时，第15～17片叶已经分化。

播种时期温度高，花蕾发育速度快，花芽分化早。苗期较低的温度有利于增加雌花的数量（或比例），降低雌花着生的节位，适宜的温度白天应为20～22 ℃，晚上13～15 ℃。短日照有利于雌花的发育，长日照有利于雄花的发育。光照充足，植株生长健壮，茎蔓粗壮，叶片肥大，组织结构紧密，节间短，花芽分化早，坐果率高。较高的空气湿度有利于雌花的形成，可降低雌花的着生节位，增加雌花密度，提高雌花的比例。土壤水分不足会使雌花质量降低、数量少，土壤水分过多易引起秧苗徒长，花芽分化延迟，尤其是推迟雌花的形成，并容易引起落花落果，导致坐果困难。西瓜的营养状况与花芽分化也有密切关系。土壤营养不均衡（氮肥偏多、缺少磷钾微量元素）、营养面积小等，易引起秧苗徒长、降低植株的营养水平和养分的积累、第一雌花着生节位提高、雌花间隔叶数增加；土壤营养充分，光照充足，具有发达的根系，旺盛的吸收功能，则茎叶生长充实，有利于雌花的花芽分化，增加雌花密度，提高雌花质量。

3.开花习性

西瓜为半日花，清晨开放，午间闭合。晴天通常在当地时间早晨6:00—7:00开始开花，阴雨天或气温较低，空气湿度过大时，开花延迟。上午12:00左右花瓣开始褪色，15:00左右完全闭花。因此，正常条件下，人工授粉最适宜的时间是上午7:00—10:00，11:00以后授粉，坐果率显著降低。西瓜的雄花在晴天适温下，开花的同时或稍晚即散出花粉，但在低温或降雨的次日，开花晚，而且即使开花，花粉散出也推迟。一般夜温越高，西瓜的开花时间越早。西瓜花蕾发育程度越高开花时间越早，因此，采摘雄花必须在开花前一天的16:00以后进行，否则次日开花时间延迟，花粉数量减少。成熟的花蕾，采摘后放在黑暗条件下进行暗处理，可使次日开花时间提前。

4.授粉受精过程

西瓜在气温23～27 ℃花粉萌发最旺盛，花粉管伸长能力最强；而在低温、高温、多雨和干燥条件下可降低花粉萌发率，影响授粉受精过程。西瓜受精需12～14 h才能完成。在适宜条件下，上午7:00～9:00柱头稍带绿色，并分泌有少量的黏液，此时花粉粒落在雌花的柱头上，15～20 min花粉开始萌芽，花粉管开始伸长，约经过2 h花粉管伸入柱头，再经过5 h伸入花柱中部分歧处，再经5 h可达到花柱基部，进入子房与胚珠结合，完成受精过程。

西瓜花粉的生活力与授粉时环境条件、雄花蕾的营养状况及花粉成熟度有密切关系:西瓜花粉萌发的最适宜的温度为25℃。西瓜开花当天,不同时期授粉结实率不同,刚开放的雌花柱头的生活力最旺盛,此时授粉率最高。清晨雄花散粉后至上午10:00是西瓜授粉最适宜时间。

5.西瓜对环境条件的要求

西瓜喜好高温干燥的气候,不耐寒。在−0.5 ℃时叶、花、果受冻,在12 ℃低温下正常的生理机能即遭到破坏。西瓜发芽适温是30 ℃,受精的最低气温一般是12～13 ℃,植株生长发育的最低温度界限为15 ℃,适温范围为20～35 ℃。西瓜的地上、地下部分均不耐湿,在温度高,昼夜温差大,空气干燥(相对湿度50%～60%最为适宜),光照充足,排水良好,土层深厚,透气透水良好的沙质土壤上生长发育良好。

(二)甜瓜的生物学特征

1.形态特征

甜瓜雄花单性,雌花两性或单性,雌雄同株,雌花单生,着生在子蔓与孙蔓第一叶叶腋处;雄花簇生在主蔓叶腋处,每个叶腋可着生雄花3～5朵,在数天内陆续开放;果实圆形、椭圆、纺锤或长筒形,果皮白色、黄色、绿色、褐色,具条纹或花斑,果肉白色、绿色、黄色、橘红色,质地软或脆,具有香气;种子披针形或长扁圆形,黄色、褐色或灰色,种子大小应品种类型差异较大,千粒重一般14～45 g。

2.花芽分化

当幼苗出土后,子叶充分展开时,花芽就已开始分化。初分化时较慢,随着瓜苗长大,在1～2片真叶期间分化速度有所加快,当第2片真叶展开时,甜瓜幼苗分化花芽的节位已有6～8节;当第5片真叶长出时,厚皮甜瓜花芽分化已达65节,薄皮甜瓜分化花芽的节数为46个。甜瓜幼苗花芽分化对温度最敏感,其中白天30 ℃,晚上25 ℃条件下,花芽分化最快,花枝叶数最多。甜瓜花芽分化不受日照长短的限制,但会影响出瓜节位的高低。矿质营养是甜瓜植株生长与花芽分化的物质基础,矿质营养不良,比例失调,会影响花芽分化,幼苗徒长,茎叶生长过旺,常使结实花数量减少,发育不良,黄化晚熟。

3.开花习性

甜瓜为半日花,清晨开放,午间闭合。充分发育成熟的花开放速度与温度有关。当早晨气温16 ℃花冠开始萌动,19 ℃花冠开放,21 ℃花冠盛开,花药散粉。开花与空气湿度有关,高温高湿,花开早,开放快,开放时间短。

4.授粉受精

在自然条件下甜瓜花粉寿命较短,开花12 h后已有相当部分的花粉丧失活力,开花后38 h后则完全丧失活力。开花前12 h花蕾中的花粉有35%已能萌发并能受精结实。开花前一天的雌花柱头就有接受花粉完成受精及结实的能力,因此可以一次完成去雄、授粉、套袋的工作。花开前一天给雌花授粉,可以用当天开放的雄花花粉涂在需授粉雌花花蕾上，授粉结实率可达 90%，雄蕊的花粉在开花前一天已经成熟，但以开花当天雄花的花粉活力最强。授粉后 1.5 h 花粉管已到达子房上部，8 h 后花粉管尖端溶解开始释放物质，24 h 子房内大部分胚囊已完成双受精。

对环境条件的要求：新疆大多种植厚皮甜瓜，厚皮甜瓜原产于非洲，所以对温度要求与西瓜相似，其发芽最低温度为 16～18 ℃，适温为 30 ℃左右，根系伸长的最适温度是 34 ℃，生育的适温界限是 22～32 ℃，最适生育温度是 25～28 ℃。甜瓜适宜在有充足的光照，高温少雨，昼夜温差大的地区种植，要求土壤排水良好，土层深厚，一般在沙质土壤上生长发育良好。

（三）西瓜、甜瓜主要性状

1.植株性状

(1)分枝性　分枝性强的是显性，无叉是隐性。

(2)叶片缺刻　叶片缺刻是显性或不完全显性，全缘叶是隐性。

(3)茸毛的有无　有茸毛的是显性，无茸毛的隐性。

(4)茎叶的色素　普通西瓜茎、叶、果皮为绿色是显性，第 1 片真叶为黄色是隐性。

(5)蔓型　普通长蔓型西瓜是显性，矮生的丛状型西瓜是隐性。

以上以隐性基因控制的无叉、全叶缘、无毛、第 1 片真叶黄色性状均可作为幼苗鉴定标志，运用在杂种一代的制种上。

2.雌、雄花性状

(1)雌花的性状　第一雌花着生位置、开花期、雌花花柄长短等性状，均介于双亲之间，无明显的显、隐性关系。

(2)雄性不育　据研究，无毛和雄性不育的基因是连锁的。

3.果实性状

(1)果皮　深色果皮对浅色果皮呈显性；有花纹条带对无花纹条带呈显性；宽条带对窄条带呈显性。

(2)瓤色　黄色对红、粉红、白色均呈显性。

(3)果形　圆形、椭圆形、长筒形等果实性状之间相互杂交时，杂交一代多表现中间性状。

4.种子

(1)种子大小　杂种一代倾向中间类型，但偏向小籽。

(2)种皮颜色　种皮深色(黑、褐等色)对浅色(黄、红、白色)呈显性。

(3)种皮光滑度　种皮光滑对种皮裂纹呈显性。

（四）杂交西瓜、甜瓜的混杂退化

1.杂交西瓜、甜瓜品种混杂退化的原因

(1)生物学混杂　俗称“串花”或“串种”，实际上就是植物的天然杂交。

(2)机械混杂　在西瓜、甜瓜收获、采种、清洗、晾晒、运输、贮藏、播种等环节出现人为疏忽和失误，从而造成异品种种子混入。这些机械混入的种子出苗后，又会产生天然杂交，形成新一轮的生物学混杂。

(3)自然变异　西瓜、甜瓜的植株生长在大自然中，经常发生的外界环境条件的变化和机械、物理因素刺激，如低温、雷电、辐射、化学物质、微量元素以及生物伤害等都会诱发基因突变。由于这些突变往往是可以遗传的，所以也会造成品种种性的混杂。此外，自然突变引起的大多是肉眼难以识别的微效基因或隐性基因上的变化，故不易发现并剔除。

(4)人工留种失误　植物的遗传型和表现型不易分辨，当代的遗传型下代才能表现出来。一个瓜的种子是纯种还是杂种当代不易区分，因此，人工留种就易造成失误。

2.防止混杂退化的措施

(1)制种瓜田里不容许有异品种存在。

(2)在雌花和雄花开放的前一天，人工用纸帽、铝片或发卡等将五片花瓣的上端束拢夹住，以免昆虫传入花粉。开花的当天清晨，取下夹片或套帽，进行人工授粉，此后再次夹花或套帽隔离。

(3)严格管理制度，把好采种、洗晒、装袋、入库、出库、播前种子处理、播种定植关，严防异品种种子混入。

(4)定期更换原种，防止因自然突变和其他不慎引起的品种退化。

五、健康西瓜、甜瓜种子生产技术

(一)有籽西瓜健康种子生产技术

1.播种前准备

选择5～7年没有种植过葫芦科作物地块。播前选择健康、饱满的亲本种子，用50%多菌灵可湿性粉剂1 000倍液，防治枯萎病、炭疽病、疫病；用10%磷酸三钠浸种防治病毒病；或用40%福尔马林200倍液浸种30 min或1%盐酸浸种5 min或80倍苏纳米浸种15 min后，用清水浸泡5～6次，每次30 min，再催芽播种。

2.健康栽培管理

育苗采用消毒基质，大田直播用铜制剂消毒。用腐熟农家肥做基肥，多施磷钾肥，少施氮肥。

3.授粉

对父本植株，于采摘花粉前全面鉴定健康程度，病株一经发现立即全部拔除深埋或销毁；病株周围的花粉尽量不采集；对母本植株，在种瓜采摘前全面检查，剔除病株、病瓜。

4.采种前检查

种瓜采摘前3～4 d检查植株，发现病株和病果，马上整株拔除并掩埋或销毁，在拔除病株处进行土壤消毒。

5.采种处理

(1)采摘种瓜　按授粉先后采收种瓜,在收瓜前应根据品种的特征特性彻底去杂,并彻底清除自然授粉瓜、标记不明瓜、性状可疑瓜和带病瓜。按标记采收充分成熟的瓜。

(2)清洗种瓜　用双氧水溶液或其他含氯杀菌剂在专用清洗池中清洗1～5 min或直接在采收车厢里冲洗。

(3)破瓜取种和发酵处理　选择晴天上午进行,发现籽粒大小,数量异常的种瓜应马上淘汰。机械化取种后发酵24 h使瓜瓤和种子分离后再清理干净瓜瓤、漂除秕籽。

(4)种子消毒　种瓜在确保无病斑(如细菌性果腐病病斑)的情况下破瓜取种子,迅速清洗后消毒。种子在1.25%苏纳米或2.5%过氧乙酸溶液中浸泡处理15～30 min。浸泡时要不停地搅动种子。种子消毒溶液可重复使用1～2次,但必须在1 h内操作。消毒过程中,操作人员必须配戴眼镜、胶手套、围裙,防止消毒液危害人体。

(5)种子干燥　种子消毒后必须迅速晾晒干燥。种子在清洗消毒后立即甩干,均匀摊开,迅速晾晒,晾晒的种子要放置在用塑料纱网制作的木制筛、帆布、床单等通气良好的物品上,距地面1 m处。晴朗炎热天气下暴晒2～3 d以上即可。

(6)检验入库　将干燥后的种子分批进行风选和精选,根据种子扦样用于质量和健康检验。将扦样后的种子批用编织袋外袋、塑料薄膜内袋密封包装,每袋种子袋内外附上标签,注明品种名称、净重、制种地点、年份、制种人以及每个环节操作人员;每批种子入库后分开码堆干燥贮藏,并进行仓库消毒。

(二)无籽西瓜健康种子生产技术

1.播种前准备

挑选健康的父母本种子后用2.5%过氧乙酸浸种10 min或1.25%苏纳米浸种20 min后浸种催芽。

2.制种田播种前消毒

用于制种的田块应于冬前翻土冻化,按200 kg/亩的标准将生石灰撒入田块进行翻耕。翻耕后用菌虫双清粉剂撒于播种穴或沟内,一般每亩用2包。

3.适当稀植(播),合理整枝

制种田每亩保苗2 000株即可,合理整枝。

4.严格灌水技术,及时喷药,防止病害发生与流行

采用膜下滴灌灌溉技术。开花前通过滴灌施1次坐果肥,果实杯口大时再施1次肥水,肥水以磷钾肥为宜。每次灌水后及时喷施农药,一般多用铜制剂。

5.杂株、病株去除

杂株、病株及疑似杂株一律拔除;病株周围的父本植株花粉尽量不采集;母本在种瓜采摘前剔除病株、病瓜。

6.采种前检查

种瓜采摘前 3～4 d 检查植株(方法同有籽西瓜)。逐株检查,去除母本中的二倍体植株还原成的二倍体植株。

7.采种处理

包括种瓜的采摘、清洗,破瓜取种,清洗、消毒、晾晒、筛选以及种子包装入库等诸多环节。除破瓜取种无须发酵处理外,其他环节同有籽西瓜。

8.检验入库

方法同有籽西瓜种子。

(三)甜瓜健康种子生产技术

1.前茬选择

前茬选择小麦、豆类或 5～7 年内种植非葫芦科作物。

2.整地与施基肥

整平地面后做塘。南北向起塘。旱塘宽 1.4 m,水塘宽 0.4 m,沟深 0.4 m、底宽 0.25 m,覆幅宽 70 cm 地膜,旱塘上覆 30 cm,水塘内覆 40 cm,地膜要拉展,紧隔段压土防大风撕裂。每公顷用地膜 60 kg。起塘时每公顷用杀菌剂(如多菌灵等)15 kg 喷雾或拌沙子撒施。结合整地每公顷施 N 123.0 kg、P_5O_2 138.5 kg(优质农家肥 45～60 m^3,磷酸二铵 300 kg、尿素 75 kg)。

3.播种

(1)播种时间　父本在 4 月中下旬播种,母本在 5 月上旬播种,父本比母本提前播种 10 d。

(2)亲本种子处理　50% 多菌灵可湿性粉剂 1 000 倍液,防治枯萎、炭疽病、疫病;用 10% 磷酸三钠浸种防治病毒病;亲本种子用 72% 硫酸链霉素 1 000 倍液浸种 60 min 后催芽播种;或用 40% 福尔马林 200 倍液浸种 30 min,或 1%盐酸浸种 5 min,或 80 倍苏纳米浸种 15 min 后,用清水浸泡 5～6 次,每次 30 min,再催芽播种,对没有处理过的种子进行少量处理试验,以免大量处理种子时出现药害。

(3)播种方法　父母本种植比例为 1 ∶ 5。父本按 25 cm 株距破膜点播,每公顷保苗 4 500 株,播后及时搭小拱棚。母本按 30～40 cm 株距破膜点播,每塘 2 行,每穴 1～2 粒,每公顷保苗 3.3 万～3.6 万株。播种前穴内撒少量拌沙辛硫磷(辛硫磷与沙子比例为 1 ∶ 5),辛硫磷每公顷用量为 7.5 kg。下种时防止种子与农药直接接触。播种深度 1.5 cm。

(4)挂牌标记　父母本播完后,在田间挂牌,其上标注农户姓名、面积、密度、品种或组合代号。

4.田间管理

(1)查苗、定苗　播后 7～10 d 及时查苗、破膜放苗。松土破除板结;注意防晚霜冻害，并及早定苗，每穴保苗1株。

(2)整枝压蔓　父本一般不整枝，若雄花不足，只将主蔓摘心，促其侧枝生长。授粉结束后，清除全部父本。母本依结瓜习性选择适合的整枝方式。

①3蔓整枝方式：主蔓4～5片真叶时摘心，除去第1～2节叶腋间的侧芽，保留3～4节子蔓。子蔓12～14片叶摘心，从第6节选留与2条子蔓对称且同期能开花的2条孙蔓上的雌花进行授粉。

②单蔓整枝方式：主蔓14～16片叶摘心，在7～12节间隔选留2～3条子蔓，授粉前及时将其余子蔓和孙蔓摘除，授粉的同时在雌花上部保留2片叶摘心，全株叶片累计24片以上。结合整枝打杈及时抹去雄花花蕾，并及时压蔓。

(3)肥水管理　全生育期每公顷适宜灌水量2 000～2 200 m^3，灌5～6次。4～5片真叶时灌第1次水，每公顷灌水量450 m^3；坐果期(瓜如鸡蛋大时)灌第2次水，每公顷灌水量300 m^3；果实膨大期灌第3、4、5次水，每次每公顷灌水量300 m^3，收获前10～15 d停止灌水。

一般在膨瓜期随水追肥1次，每公顷追施N 136.5 kg、P_5O_2 172.5 kg、K_2O 75 kg(磷酸二铵375 kg、尿素15 kg、硫酸钾75 kg)。追肥方法：在离瓜秧基部15 cm的沟塘处打孔穴施。

5.杂交授粉

(1)清杂　杂交授粉前应进行田间检查，根据父母本长势、蔓长、叶片等特性全部清除田间杂株、可疑株。

(2)授粉前的准备　每公顷需30～45名授粉人员，镊子30～45把(用75%的酒精棉消毒)，口径1.2～1.5 cm、长3 cm的圆锥体隔离帽67 500～75 000个(用杀菌剂消毒)，直径1.2～1.5 cm的红色塑料管120～150 m作为标记环。

(3)去雄　母本去雄包括去雄花和雌花中的雄蕊。雄花和雄花花蕾除平时结合整枝打杈摘除外，授粉前1～2 d要严格摘除母本株所有雄花和雄花花蕾。每天下午为次日开放的雌花蕾(花冠膨大稍微松动，微黄色较硬挺)去雄。去雄的方法：先用镊子将花冠轻轻剥去，然后将依附在柱头四周的3瓣雄蕊完全取下，不碰伤柱头、子房。去雄后及时套红色隔离帽标识。每次操作完毕后要及时用肥皂水洗手。

(4)授粉花采集　早晨6:00前采摘当天可开放的父本雄花，集中在小玻璃瓶内，放在阴凉通风处，使雄花自然散粉。

6.病虫害防治

主要虫害有蚜虫、红蜘蛛；主要病害为白粉病、枯萎病和细菌性病害。

7. 田间检疫

在制种过程中，由当地植物病虫害检疫部门进行田间检疫，如发现检疫性病虫害，按照相关规定进行处理。

8.种瓜采收

采收前认真清理自交果、病果、烂果、无标记果。采收标准:杂交果皮色鲜艳、花纹清晰、果面发亮、果柄附近茸毛脱落、果顶开始发软、果蒂处产生离层或瓜蒂自然脱落。

9.种子收获

(1)发酵与种子清洗

①掏种与种子发酵:采收的果实先后熟 3～4 d,再用不锈钢刀破开杂交果实,然后将其瓜瓤连同种子一同掏出并入塑料容器内,让种子与果汁及果肉一同发酵 24～48 h。

②种子清洗:当果肉、果汁与种子完全脱离后,用清水冲洗 3～4 遍,直至冲洗干净种子表面黏液为止。

(2)种子处理

①干热处理:先在 35 ℃ 恒温下预热 24 h,再在 50 ℃ 恒温下烘 24 h,后在 75℃ 恒温下烘 72 h,然后在 50 ℃ 恒温下烘 24 h,最后在 35 ℃ 恒温下烘 24 h。

②种子消毒:发酵好的种子随即以 1% 的盐酸浸渍 5 min,或以 1% 次氯酸钙浸渍 15 min,或者过氧乙酸 1 600 μg/mL 处理种子 30 min,接着水洗、快速风干或晾晒干;40% 福尔马林 100 倍液浸种 1 h,水洗,风干;或用分装的 100% 原液苏纳米：水＝1：80 混合消毒液。消毒液：湿种子比例为 2：1。用塑料纱网袋或散种子倒入盛装消毒液的塑料大桶或容器中浸泡 15 min,并不停搅动,种子捞出平摊在塑料纱网上快速风干或晾晒干。

③种子精选入库:用手工或机械精选风干种子,挑出不符合质量标准种子。将精选种子包装好及时入库。

任务一　制种前期工作

【任务目标与质量要求】

根据市场需求和当地自然条件,选择适宜的制种品种,并进行效益分析,拟订制种计划,选择和落实制种基地,和农户签订制种合同,根据拟订的制种计划准备亲本种子并发放至农户手中,做好西瓜甜瓜制种的前期工作。

【学习产出目标】

(1)拟订制种生产计划。

(2)选择和落实制种基地。

(3)和农户签订制种合同。

(4)准备亲本种子并发放。

【工作程序与方法要求】

一、制订制种生产计划

（一）工作内容

根据良种生产部下达的任务和各项指标，制订年度制种生产计划。制种生产计划制订的内容：①制种目标任务和各项指标；②人员聘用配置与培训；③成本预算；④制种面积落实；⑤技术措施与种植户培训观摩；⑥管理办法及考核奖励办法；⑦质检管理等。

（二）工作要求

清晰制种任务、明确工作措施、人员配置、成本费用、管理考核指标。

【业务知识与经验分享】

1.西瓜、甜瓜制种田的选择与要求

(1)培育建立稳定的制种基地，制种户常年制种，技术水平高，保障制种技术落实，制种产量高、质量优。

(2)根据企业制种计划，落实制种面积。目前新疆西瓜每公顷制种产量在 20 kg 左右，甜瓜在 20～25 kg。

(3)西瓜、甜瓜制种对前茬有严格的要求。3～5 年以上未种过瓜类蔬菜的休闲地、秋翻苜蓿地、小麦、玉米、豆类、棉花地均为制种瓜适宜前茬。严重盐碱地及地下水位高的地不适宜选作制种田。制种田块应选择前茬无病虫，土质疏松肥沃，灌排方便的壤土或沙壤土田块。

(4)隔离区要求。要求品种间设置 500～1 000 m 的隔离区。

2.西瓜、甜瓜亲本质量要求

西瓜杂交制种亲本种子必须是具备原品种(系)特征特性、纯度不低于 99.7%、发芽率不低于 90%的国标一级的亲本种子。

二、落实制种面积

（一）工作内容

公司统一管理，制种生产部门指导，各生产部门负责实施，全员参与。

(1)依靠政府、稳定基地。影响并参与当地政府的发展规划，使公司的发展同政府的发展紧密结合；实现公司生产、加工的本地化，切实解决政府、农民的实际问题。

(2)开展多种形式交流活动，扩大公司知名度。制种期间组织相关农户、领导进行观摩、交流。冬季邀请相关人员来公司座谈，加强相互沟通。

(3)调查农村现状,确定基地分布。结合参观交流活动和实地调查的方法,掌握制种区及未制种区各地的种植结构、土地状况、水源状况、生产条件、科技水平、劳动力资源、农户需求等,为确定基地提供信息。

(二)工作要求

长远规划建立公司稳定的制种基地。落实本年度制种面积。

三、签订代繁合同

(一)工作内容

各生产部门负责种子生产基地的评价、选择、合同签订工作。

合同签订之前要充分考察制种户田块、技术水平、劳力现状、隔离条件等因素,符合要求,再按公司统一合同文本及合同签订相关要求签订代繁合同。

(二)工作要求

合同签署规范。

四、亲本准备与发放

(一)工作内容

按照制种计划和种子田落实情况,准备亲本,并检查亲本质量。

各生产部门提前按照合同制种户名单、面积,制订制种户亲本发放单(表4-1-1),并严格亲本发放程序,按要求办理财务手续,严禁出错。

(二)工作要求

发放程序规范、准确无误。

【业务知识与经验分享】

西瓜、甜瓜制种亲本发放的注意事项有哪些?

各生产部门提前按照合同制种户名单、面积,制订制种户亲本发放单,把父母本种子分别称量并包装好,在外包装上写清制种户姓名、亲本种类、净重等主要信息,并严格亲本发放程序,将准备好的种子分别发到制种户手中,最好待父本全部播种后再发母本。分发亲本时,要做记录及签领,并需要双方封样,以防亲本种子质量出现问题时发生纠纷,要减少移交环节,每次移交要有交接人双方签字的交接单,一式三份,双方各备一份,上报主管部门备案一份。按要求办理财务手续,严禁出错。

表 3-4-1　西瓜甜瓜制种亲本发放单

编号：　　　　　　　　　　　　　　制种地点：

序号	品种(代号)	地号	面积	原种量/kg	户主签名	备注
				父本：　　母本：		
				父本：　　母本：		
				父本：　　母本：		
				父本：　　母本：		
				父本：　　母本：		

填表人：　　　　　　　　　　　　　　年　　月　　日

任务二　土地准备与播种

【任务目标与质量要求】

按照西瓜、甜瓜制种栽培对土地的要求进行土地准备和播种，包括确定施用基肥的种类和数量，以及施肥的方法；平整土地，根据制种品种特点确定瓜沟的大小、深度以及瓜畦的宽度，确定播前水的灌溉定额并组织农户按要求覆膜，根据墒情进行播种，组织农户事先对亲本种子进行消毒处理和浸种，确定播种时间并及时播种。

【学习产出目标】

(1)播前整地。

(2)灌水覆膜。

(3)高质量完成播种。

(4)填写田间档案(表 3-4-2，表 3-4-3)。

【工作程序与方法要求】

一、播前整地

(一)工作内容

开施肥沟：按事先确定的沟心距确定沟距线，并做好标记，用开沟机在做好标记的两侧 45～55 cm 开施肥沟，沟宽 25 cm，深 25～30 cm，两条施肥沟相距 1 m 左右(施肥沟的大小按瓜沟的大小来定)。

施底肥：依据制种田肥力情况确定施肥量。一般每公顷施腐熟的农家肥 30 t 或磷酸二铵 300 kg、硫酸钾复合肥 150 kg 及尿素 75～120 kg。

开瓜沟：依据当地灌溉条件、栽培习惯和制种品种对水分的需求情况确定瓜沟的大小，可用机械或人工开沟，瓜沟开好后要组织农户及时按要求修整瓜沟，技术人员做好指导和检查工作。

(二)工作要求

要求：制种地要求达到“六字”标准。施肥应均匀一致，修整瓜沟应做到“一直三平”(即沟直、底平、坡平、顶平)。

施肥沟要直并深度一致，防止施肥过浅发生“烧根”现象，底肥要施足、施匀，保证西瓜甜瓜对营养的需求，防止脱肥、早衰现象发生，瓜沟大小要合适，过大会造成土地浪费，过小不能满足西瓜甜瓜生长需要。灌水量要大，以满足西瓜甜瓜苗期生长需要。

【业务知识与经验分享】

1.如何做好西瓜、甜瓜制种田播前整地工作

西瓜、甜瓜制种田瓜沟最好是秋开春种，这样既有利于土壤冻融，播种带疏松，又可争取早播，以避开高温、雨季和病虫害发生高峰期；整地、施肥要在播种前 10～15 d 完成，以提高地温，利于出苗；播前水一定要灌足，灌水时可根据地形在瓜沟内分段压坝，保证灌水均匀一致。

2.西瓜、甜瓜制种田土壤消毒

在未铺地膜前浇播前水时，在瓜沟内用水冲施敌克松或多菌灵，每公顷用药 15 kg。药液随水渗入土壤后立即覆盖地膜，经膜内高温和药液的共同作用，可杀死大部分土壤病菌，达到预防苗期病菌侵染的目的，同时使植株吸收药液提高抗病性。

二、灌水覆膜

(一)工作内容

灌水：播种前 4～6 d 灌播前水，灌溉定额一般为 1 200 m^3/hm^2，应在满沟状态中保持半个小时左右，使水渗至距沟沿 10 cm 以外，土壤湿度均匀。

覆膜：灌水后 2～3 d 覆盖地膜，根据当地栽培习惯(即瓜沟的大小、覆膜方式)选择宽幅为 70 cm、90 cm 或 150 cm 的地膜。根据瓜沟水线，使沟顶形成 50 cm 宽的平面带，沟沿形成 10 cm 的播种带，在播种带上喷洒多菌灵加晶体敌百虫，以防治猝倒病、疫病以及地下害虫。清除播种带上的土块、残留杂草及硬性根茎等，然后覆膜。

（二）工作要求

播种前 4～6 d 灌播前水，应小水慢浇，浇足浇透。覆膜要求平展，松紧适度，两侧压实压紧，防止透气跑墒。

三、播种

（一）工作内容

1.播种时间

一般在 5 cm 地温稳定通过 15 ℃时即可播种，北疆多在 4 月底至 5 月上旬，南疆在 4 月中下旬，具体时间要依据本地区多年平均晚霜期及本年度气候、土壤具体情况适时安排播种期。

2.种子处理

督促制种农户在播种前将亲本种子进行粒选，去除杂粒、瘪籽，并进行种子消毒处理。

3.父、母本配比

父、母本配比因组合不同而不同，一般比例为 1∶(15～20)为宜。

4.株距

技术员可根据所定亩产量及品种特性来确定株距，大果型母本适当稀播，小果型母本适当密播。西瓜母本株距 15～20 cm，甜瓜 20～30 cm，亩保苗 2 500～3 500 株；父本株距 30 cm 左右，亩保苗 100 株左右。

5.方法

父本播种要较母本播种提早 7～10 d。人工点播，在距瓜沟边缘 3～5 cm 处打播种穴、穴口要小，每穴 1～2 粒种子，注意撕净穴口地膜，播种深度 1.5～2 cm，要使种子与土壤湿墒充分接触，上盖泥沙土或潮湿土 3～4 cm，封严穴口，以防透气跑墒。

（二）工作要求

要求：选择合适的播种时间，种子处理一定要按要求进行，株距合理，保证播种质量，达到一播全苗，以减少补种工作环节，缩短人工授粉时间。

由于近几年西瓜、甜瓜种子带菌情况普遍严重，因此必须做好种子播前消毒处理，处理可由农户进行，也可以由公司统一处理，再由制种农户分担相应费用，不论用什么方式，都一定要保证种子消毒处理质量，防止病害发生。

【业务知识与经验分享】

1.播种覆土的方法

根据天气，土壤墒情确定盖土方式，如果春季雨水少，气温较高，播种时用潮湿土盖住播种穴；如果春季雨水多，可用细沙土封盖播种穴。

2.父母本错期播种

西瓜、甜瓜制种时父本播种要较母本播种提早 7～10 d,这样既保证父母本花期相遇,也可对父本进行花期的纯度鉴定。为防止父本遭受冻害,可以加盖小拱膜进行保护栽培,遇低温加盖草帘,高温时适当放风,揭膜前要进行炼苗。

3.种子播前消毒处理方法

(1)用 300 倍敌克松或 500 倍甲基托布津或 200 倍甲醛加 600 倍乐果进行拌种;

(2)用 50～60 ℃的温水(即"三开兑一凉")浸种 6～8 h 后清水漂洗干净;

(3)有条件的地方可以用干种子在 60～70 ℃恒温下处理 3 d,可以起消毒灭虫、杀菌等作用。

4.无籽西瓜播前处理方法

无籽西瓜母本种子浸种后需要破壳,方法是用牙齿或钳子轻轻磕开种脐,用力要轻,避免挤伤种胚,然后进行催芽,将种子放在湿毛巾上包好放在 28～32 ℃的条件下催芽 30 h 左右,种子露白后即可准备播种,这些措施均有利于苗齐苗壮。

5.开瓜沟的方法

沿沟距线用开沟机或人工开瓜沟,沟向以南北向为好,具体也可根据地块平整情况和以灌水排水便利为准确定沟向,瓜沟的大小根据品种和当地的栽培习惯来定,一般沟心距 2.8～3.5 m(也有个别地区沟心距只有 1.4 m),沟深 0.4 m 左右,沟上口宽 0.8～1 m,沟底宽 0.3 m;开沟后人工进行修整(图 3-4-1)。

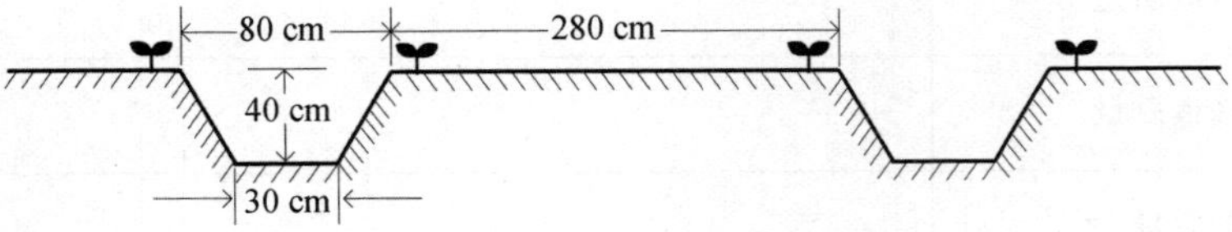

图 3-4-1 西瓜、甜瓜瓜沟及播种带

6.播种质量检查方法

(1)瓜沟大小。用卷尺测量瓜沟上口宽、底宽、深度、沟心距的长度。

(2)瓜沟修整质量。用肉眼观察法,修整后的瓜沟应做到沟直、底平、坡平、顶平。

(3)灌水质量。询问农户灌溉定额,并用肉眼观察水是否渗至距沟沿 10 cm 以外,用手刨开播种带土壤,观察湿度是否均匀。

表 3-4-2 西瓜、甜瓜制种田间档案记载表

<table>
<tr><td>合同户编号</td><td colspan="3"></td><td colspan="2">户主姓名</td><td colspan="2"></td></tr>
<tr><td>地块名称(编号)</td><td colspan="3"></td><td colspan="2">制种面积</td><td colspan="2"></td></tr>
<tr><td>前茬</td><td colspan="7"></td></tr>
<tr><td>播前整地情况</td><td colspan="7"></td></tr>
<tr><td>基肥施用量</td><td colspan="7"></td></tr>
<tr><td>瓜沟大小</td><td colspan="7"></td></tr>
<tr><td>父本</td><td>播期</td><td></td><td>播量</td><td></td><td rowspan="2">配比</td><td rowspan="2"></td></tr>
<tr><td>母本</td><td>播期</td><td></td><td>播量</td><td></td></tr>
</table>

记载人(签字):　　　　　　　　　　记载日期:　　年　　月　　日

审核人(签字):

表 3-4-3 西瓜、甜瓜制种田播种质量检查记录

检查项目	检查记录	备注
播前整地质量		
瓜沟修整质量		
灌水质量		
覆膜质量		
播量/(kg/亩)		
播深/cm		
覆土、镇压		
父母本播种质量及纠错记录		

记载人(签字):　　　　　　　　　　记载日期:　　年　　月　　日

审核人(签字):

任务三 前期管理与去杂

【任务目标与质量要求】

西瓜、甜瓜的雌花分化在苗期进行，瓜苗健壮利于提高雌花分化的质量，使雌花的子房大，利于坐果。另外，瓜苗整齐健壮，能够集中授粉，可在最短时间内完成授粉任务，大大减少授粉的工作量。当幼苗长到3～4片真叶时，技术管理人员要组织农户及时定苗，指导农户结合定苗去杂，首次将杂株和病弱苗剔除，督促农户及时清理干净田间杂草，瓜苗伸蔓时依品种特点按要求整枝压蔓，做好前期田间管理工作。

【学习产出目标】

(1)查苗定苗。

(2)进行病虫害调查，并及时开展防治。

(3)整枝压蔓。

(4)苗期去杂。

(5)填写田间档案，做好质检记录(表3-4-4，表3-4-5)。

【工作程序与方法要求】

一、查苗、定苗

(一)工作内容

1.查苗

西瓜甜瓜播种后7～10 d即可出土，在播种7 d后要及时对各制种户出苗情况进行调查，统计出苗率，出苗率在90%以下要及时用同一亲本进行补种。

2.间定苗

西瓜出苗后当瓜苗长到3～4片真叶时进行间定苗，甜瓜2～3片真叶时进行第1次间苗，每穴留壮苗2～3株；4～5片真叶时定苗。定苗时不缺苗段的双苗中剪除相对较弱的一株，每穴留一株，遇缺苗处留双苗。督促农户结合间定苗去杂去劣。

(二)工作要求

查苗要认真仔细，补种要及时，按要求间定苗，结合定苗做好去杂工作和病虫害防治工作。

查苗工作要及时，补种时要认清品种，用同一种子补种，并组织农户及时定苗，结合定苗去杂去劣。整枝应在晴天上午气温较高时进行，防止传播病毒。摘除母本雄花要早，蕾期即可，要做到蔓蔓到顶、节节不漏。

(1)出苗率检查。按规定设置样点，每点抽查母本100穴、父本30穴，统计并填写出苗率。检查时间为5月10日至5月15日。

(2)定苗情况检查。出苗率检查。按规定设置样点，每点抽查母本100穴、父本30穴。检查时间为6月10日至6月15日。

【业务知识与经验分享】

1.间定苗方法技巧

在间定苗时，为避免伤苗，淘汰瓜苗无须连根拔起，用手掐断子叶下端幼茎即可。

2.判断西瓜生长势强弱的方法

可用茎蔓生长点到留瓜雌花之间的距离及茎蔓先端与地面形成夹角的大小来判断。植株茎蔓的生长点接近地面，生长点到雌花间的距离在 20 cm 以下时，表示生长过弱；茎蔓先端过分翘起，生长点到雌花的距离在 50 cm 以上，则表示营养过多，生长过旺；适宜坐果的生长指标是茎蔓生长点到雌花间的距离为 30～40 cm，两者之间有 3～4 片展开的叶片，茎蔓先端与地面形成的夹角为 20°～30°，茎蔓粗、叶片大、节间较长、茎蔓尖端上翘。

二、病虫害防治

（一）工作内容

采用亲自下地调查或询问制种农户的方法及时了解制种田病虫害发生、发展情况，发现病虫中心株及时拔除，带出田地深埋销毁

（二）工作要求

督促制种农户及时进行防治。

病虫害发生情况检查。按规定在检验区父母本种植区设置样点，每点抽查 100 株，计算发病率。检查时间为 6 月 15 日至 7 月 15 日。

【业务知识与经验分享】

苗期病虫害防治方法

虫害：出苗后，要及时喷洒乐果等农药防止蚜虫、蓟马等对生长点造成危害，当第一真叶展开时，防治地老虎、蟋蟀、金针虫等，方法是用麸皮＋菜叶＋晶体敌百虫＋辛硫磷制成毒饵，撒在播种带上诱杀害虫，农药禁止撒在瓜叶上，以免产生药害。

病害：出苗 15 d 左右喷施 75％的百菌清 800 倍液或代森锰锌 1 000 倍液，预防真菌病害；在下雨后要注意防治细菌性病害的发生，要保持田间通风干燥，不要大水漫灌，避免田间积水，发现病害要及早防治，发病初期可摘除病叶并带离田块深埋销毁，大面积发生时可喷施可杀得 2000、绿乳铜、细菌特克、波尔多液等含铜制剂及新植霉素、链霉素、水合霉素等进行防治。病毒病发生初期可用病毒必克、病毒 A、吗啉胍等喷施防治，及时拔除病株并带离田间深埋销毁，及时防治蚜虫，避免接触传染。

三、整枝压蔓

（一）工作内容

整枝：西瓜、甜瓜父本一般不整枝，西瓜母本每株留一条主蔓，即单蔓整枝法，甜瓜母本采用“一条龙”单蔓整枝法。

压蔓：督促农户依据西瓜甜瓜生长情况及时护根、压蔓。

（二）工作要求

压蔓要及时，方法须得当。

整枝、压蔓情况检查。按规定在检验区父母本种植区设置样点，每点抽查50株。检查时间为6月20日至7月10日。

【业务知识与经验分享】

1.整枝工作时间选择

整枝应选择晴天上午或中午进行，此时气温较高，伤口容易干燥愈合，可减少病虫的浸染。整枝、压蔓和锄草可同时进行，以节省时间、劳力。锄草要锄小、锄早，以减少杂草对瓜苗的营养、水分竞争。

2.整枝的方法

西瓜甜瓜父本一般不整枝，将枝蔓上的雄花全部保留，便于采花授粉。西瓜母本一般用单蔓整枝法，要多次打杈去掉全部侧蔓，直到坐住瓜为止。甜瓜母本采用“一条龙”单蔓整枝法，摘除3～4片叶内的侧蔓，5片叶后侧蔓留一叶摘心，7片叶后侧蔓留2叶见瓜摘心，直到瓜坐住后停止整枝打杈。结合整枝将母本植株每条蔓上的雄花在蕾期全部摘净，只留雌花进行杂交授粉。整枝要在晴天上午气温较高时进行，阴雨天操作易使植株伤口侵染病菌，操作时用医用酒精和磷酸三钠将手及用具进行擦洗，可杀灭病菌。

3.压蔓的方法

西瓜、甜瓜基生叶下面的节比较容易折断，所以在蔓长近30 cm时，应及时压蔓护根，方法是将瓜根部埋土，加以固定，以防被风吹断，并按一定的方向把瓜蔓压住，方法是在6～7片真叶时，将瓜蔓理顺，用土块压住瓜蔓（也可购买西瓜甜瓜压蔓专用的塑料卡，卡住瓜蔓），一般5～7节压一次，以防风吹翻瓜蔓。压蔓时遇到雌花，一定要在花的前后各留1～2片叶不压，以防积雨或影响授粉坐瓜，瓜肥大时受牵制，一般生长势强的重压、勤压，反之，可远些轻些。另外，果实前面应该重压，果实之后的节位要轻压，有利于光合产物向果实运输。

四、去杂

（一）工作内容

结合整枝，根据叶色、叶形、株型、幼果的果型、植株上刚毛的有无、有无黄化等，将与亲本特性不相符的杂株和病株拔除。

（二）工作要求

苗期去杂情况检查。按规定在检验区父母本种植区设置样点，每点抽查100株，计算杂株率。检查时间为6月15日至6月20日。

幼苗特征记载。在团棵期记载幼苗性状：叶色（深、浅）、叶裂（浅裂、深裂、全裂、全缘）、生长势（强、中、弱）、叶形（大、小）。

【业务知识与经验分享】

苗期田间去杂方法

结合定苗工作，根据叶色、叶形、株型、植株上刚毛的有无、有无黄化等，将与亲本特性不相符的杂株和病株拔除，仔细选留具有品种特征且叶大、色绿、节间短、株冠大、生长势健壮的苗。

表 3-4-4 西瓜、甜瓜制种田间档案记载表

合同户编号		户主姓名	
地块名称(编号)		制种面积	
父本出苗期		幼苗特征	
母本出苗期		幼苗特征	
出苗率			
补种情况			
间定苗质量			
整枝质量			
压蔓质量			
病虫害发生情况			

记载人(签字)：　　　　　　记载日期：　年　月　日

审核人(签字)：

表 3-4-5 西瓜、甜瓜制种田间检验

检验时期	母本				父本			
	被检株数	杂株数	纯度	病虫害感染情况	被检株数	杂株数	纯度	病虫害感染情况
苗期								
意见与建议								

检验人： 制种户： 年 月 日

任务四　中期管理与去杂

【任务目标与质量要求】

进一步做好整枝、压蔓和锄草工作，指导农户根据实际情况做好“甩蔓水”的灌溉，检查田间去杂情况，并监督农户在授粉结束后，彻底砍除父本，并进行一次田间清查，将未授粉的果实或标记不清的果实一律拔除，以保证杂交种的纯度。

【学习产出目标】

(1)及时摘除新生出的侧蔓。

(2)适时灌水。

(3)田间去杂。

(4)定期进行病虫害调查，并及时开展防治。

(5)填写田间档案，做好质检记录。

【工作程序与方法要求】

一、整枝除草

（一）工作内容

结合授粉工作进一步整枝、压蔓和锄草。将新生出的侧蔓及时除去，减少营养消耗，以利于雌花发育、坐果。

（二）工作要求

整枝及时、彻底，根据具体情况进行灌水。

二、适时灌溉

（一）工作内容

按照西瓜、甜瓜栽培技术要求，实施沟灌。灌溉时沟水与种植行保持 10 cm 以上的距离，以免引发根茎部病害。

（二）工作要求

整枝及时、彻底，根据具体情况进行灌水。

此时瓜蔓生长迅速，应及时压蔓，防止风害。出苗到授粉期间应根据情况进行蹲苗，以促进形成强大的根系，扩大吸收面积，增强抗旱、抗病能力，如遇干旱或土壤保水力差，幼苗出现缺水症状，应适量灌水。

三、开花后授粉前去杂

（一）工作内容

根据叶形、叶色、瓜蔓、茸毛、幼果形状及颜色等特征，及时拔除杂株、劣株及怀疑株。对父、母本瓜株均应逐株检查，确定杂株全部清除后，方可选花使用。在采雄花之前，再认真鉴定父本，将株型不一、叶形不一、子房形态不一的杂株全部拔除，确保父本植株纯正，方可进行杂交授粉。

（二）工作要求

去杂要坚决、彻底，杂株率不超过1%。

【业务知识与经验分享】

西瓜、甜瓜杂株识别方法

根据叶片（叶色、叶形、叶裂）、茎秆（有无茸毛、是否短缩）、子房（形状、大小、颜色、花纹的有无、茸毛的有无及长短）、是否黄化等性状方面与亲本性状表现不同的即为杂株。同一田块种子的父、母亲本，除极少数的杂苗、异品种苗、劣苗外，绝大多数苗长相应该一致。初次接触制种的亲本时，除参阅相关资料了解苗期特性外，注意观察苗期长相，很容易区别其他杂、病、劣苗。有些杂株在苗期不易识别，到结果期以后才能表现出来。

病苗、劣苗易识别，结合间定苗及时拔除。

四、坐果期去杂

（一）工作内容

人工授粉结束，果实80%～90%达到鸡蛋大小时，对没有授粉标记的果实，必须坚决彻底清除，以绝后患；对于果实形状、条纹、叶形等与母本不一致的也要拔除。

（二）工作要求

去杂要坚决、彻底，杂株率不超过1%。

【业务知识与经验分享】

1.坐果率调查方法

按规定在检验区父母本种植区设置样点，每点抽查100株。检查时间为7月1日至7月15日。

2.去雄田检

对两性花为主的品种，授粉前在检验区父母本种植区设置样点，每点抽查100株，查看雄蕊是否去除干净。

3.处理两性花的方法

目前，西瓜用于杂交制种一般都是单性花，但甜瓜多为两性花，需进行去雄工作。去雄一般于授粉前一天下午18:00进行，甜瓜选择第3～5子蔓上子房大、颜色正、发育正常、次日即将开放的雌花，西瓜选择第二朵或第三朵雌花撕去雌花花瓣，用镊子小心除净柱头上三裂花药，再戴上纸帽。不需去雄的母本也需将次日要开的雌蕾戴纸帽。两性花去雄一定要及时、彻底，对授粉时母本雌花中有双性花或去雄不完全的、前一天未套帽的雌花要将子房去除，不能杂交授粉，以防影响种子质量。

五、病虫害防治

（一）工作内容

及早调查田间病虫害发生发展情况，采取生物防治和化学防治相结合、“前防后治、前稀后浓”的原则，防治病虫害的同时，加入适量磷酸二氢钾或氯化钙等微肥配合使用，以提高西瓜甜瓜自身抗病能力。

（二）工作要求

早发现早防治，防止病虫害发展蔓延。

【业务知识与经验分享】

病虫害防治方法

病害：病毒病发生初期，要及时拔除病株并带出制种田深埋，防止蔓延，病毒病发生严重时用病毒A 500倍液、5%的菌毒清水剂300倍液或植病灵600倍液喷雾；防治疫病和枯萎病用64%杀毒矾400倍液、金雷多米尔锰锌800倍液或敌克松500倍液灌根；防治白粉病和霜霉病用多菌灵1 200倍液、世高1 000倍液或多硫悬浮剂1 200倍液喷雾。

虫害：防治蚜虫、螨虫用蚜虱净2 000倍液、虫螨光2 000～3 000倍液或敌杀死1 000倍液喷雾。采取“前防后治、前稀后浓”的原则，防治病虫害的同时，加入适量磷酸二氢钾或氯化钙等微肥配合使用，以提高西瓜甜瓜自身抗病能力。

任务五　杂交授粉

【任务目标与质量要求】

督促农户利用农闲时间准备好杂交授粉用具，检查田间去杂情况和杂交授粉工作。

【学习产出目标】

(1)母本去雄,并套帽隔离。

(2)采摘套帽隔离、刚刚开放的雄花,放进采花器皿中,盖好盖。

(3)严格、认真及时地按制种技术规范操作进行杂交授粉。

(4)人工授粉结束,对没有授粉标记的果实,进行彻底清除。

(5)填写田间档案,做好质检记录(表 3-4-6,表 3-4-7)。

【工作程序与方法要求】

一、授粉用具准备

(一)工作内容

督促农户在农闲期间和授粉之前提前准备好下列授粉工具:

纸帽:可用废旧书报杂志及作业本卷成口径为 1.5～2 cm,高 2.5～3 cm 的纸帽,帽顶须封严,以免昆虫钻入。每亩准备 2 000 个。

发夹、镊子:在商店购买,每人一个。

采花器皿:每人一个,有盖的饭盒或茶缸、罐都可以。

消毒药品:75%酒精溶液若干。

标记材料:用红毛线剪成 8～10 cm 短节,也可用红油漆涂抹瓜秧或瓜柄。此外还需要准备高 30～40 cm 的树枝或芨芨草棍用于标记授粉雌花。

(二)工作要求

做好计划,用具充足。

二、去雄隔离

(一)工作内容

去雄(针对母本是两性花而言):在授粉前一天下午 18:00 左右选择第二天即将开放的雌花,用镊子去除雄蕊,然后套帽隔离。

套帽隔离:选择第二天即将开放的母本雌花和父本雄花轻轻将纸帽套好,做好标记。

(二)工作要求

去雄要及时、干净、彻底,纸帽要套牢,防止被风吹掉。

【业务知识与经验分享】

1.母本去雄、授粉的方法

去雄动作要轻,避免损伤柱头,每去一朵花,镊子都要在酒精溶液中清洗,以防镊子携带花粉，去除的花药带出田外掩埋，不得随手丢弃，以免散粉引起混杂。第一朵雌花要及时摘除，选留第二或第三雌花坐果。

杂交授粉工作是制种生产过程中最关键的环节，良好的授粉才能做到种子质优量多，授粉一是供给花粉，完成受精过程，二是提供果激素，保证坐果，所以一定要按技术要求进行。对不易坐果的植株要反复授粉直至坐果，减少空秧数量，提高制种产量。

2.套帽隔离方法

在前一下午对制种区母本进行检查，凡是雌花花冠呈明显绿黄色且呈现松散状、子房发育的雌蕾即是第二天要开放的雌花，将要开放的雌花用自制的纸帽套严，同时在该株前插一根 30～40 cm 长的细树枝或芨芨草棍作为标记，以利于次日清晨授粉时醒目好找，提高工作效率。对出现两性花的子房，要将母本子房花冠内的雄蕊去雄后方可套纸帽。对第二天要开放的父本雄花也要用纸帽套住。因为坐果节位低，果实产籽量低，节位适中果实产籽量高，所以，杂交西瓜一般在第二、三朵雌花上套帽授粉为宜，甜瓜一般选择在第 3～5 子蔓上坐瓜。

三、采花

（一）工作内容

采摘前一天套帽隔离、刚刚开放的雄花，放进采花器皿中，盖好盖子防止昆虫进入。

（二）工作要求

注意不要采摘前一天开放过的雄花。

父本在采摘雄花之前，要逐株进行确认，这是非常重要的，父本万一有错，采其雄花进行杂交授粉，其损失将无法挽回。

【业务知识与经验分享】

雄花采花方法

方法一是在采花前一天下午把次日将开的父本花蕾采下（花冠已呈淡黄色），放置盆中喷洒少许雾化水后盖上报纸，或装入草帽内盖上双层湿布，放在较暖处，促其提早成熟散粉，第二天一早即可供粉。

方法二是在授粉前一天下午 18:00 后，把次日将开的父本雄蕾套袋，第二天一早采摘雄花，待雄花散粉后即可供粉。

两种方法最好是同时采用，这样可保证从早到授粉结束都有充足的雄花供粉。如当天气温高，授粉时间又较长，也可就地把一早采的部分雄蕾放在挖得较深的渠道阴沟处，以防雄花过早散粉，影响授粉受精。

四、授粉杂交

（一）工作内容

授粉时间：西瓜甜瓜都属于严格的半日花，一般晴天早上6:30—9:30是适宜的授粉时间，最迟不迟于11:00。

授粉方法：取出雄花，右手拿着雄花花柄，剥去或撕下花冠，左手食指和拇指轻轻夹着雌花花托，将雄蕊花药轻轻地抹在母本雌花柱头上(肉眼见有均匀黄色花粉即可)。授粉后立即套上纸帽或用卡子卡住花冠，并用红油漆或线在瓜前打上明显的杂交标记，标记位置应做到一致。

一般授粉后2～3 d即可取下发夹或纸帽，以免影响果实的正常生长发育，授粉后3～5 d检查坐瓜情况，未坐瓜者继续选雌花授粉，直至坐瓜为止。

（二）工作要求

授粉必须严格、认真及时地按制种技术规范操作，并要有专人负责检查，以确保授粉质量和坐果率。

【业务知识与经验分享】

1.授粉标记的方法

在杂交授粉工作中对已授粉的瓜做标记时，可每2～3 d用一种颜色的线绳，果实成熟时容易辨别，可以分批收获，解决因劳力紧张而导致同时收获无法及时淘洗、晾晒的问题，无籽西瓜尤其如此。除了用线绳标记外，授粉标记也可采用掐茎法。方法是：授完一朵花后随手再离授粉瓜前端1节或2节处用手将瓜蔓轻轻掐成纵裂，这样有利于养分较多地供应到授粉瓜上，阻碍养分往茎尖输送，促进坐瓜，尤其对生长势较强的品种更好，纵裂的伤痕易木质化，留下的伤疤比较明显、易辨认，即使瓜秧后期干枯死亡，这一伤痕仍清晰可辨。

2.授粉时间、方法和要求

西瓜、甜瓜都属于严格的半日花，一般情况下，在开花4 h后柱头即开始分泌黏液，雄花也散粉将尽，花粉的萌发率降低，所以应在其开花后4 h内要授粉完毕。一般晴天早上6:30—9:30是适宜的授粉时间，最迟不迟于11:00。多云或阴天时，可适当延迟，以7:00—10:00较好，雨天因空气湿度大，花药的出粉率低，花粉的萌发率也低，一般不进行授粉，须将当日开的雌花全部摘除。

授粉时应将子房三裂柱头均匀地抹满花粉，尤其无籽西瓜授粉时花粉量一定要足，以免某一裂没粘上花粉或花粉较少，造成瓜内部分胚珠没有受精，不能发育成种子而产生畸形果或种子数量减少，严重时果实不能继续膨大而脱落，以致降低种子产量。授粉后立即套上纸帽或用卡子卡住花冠，并用红油漆或线在瓜前打上明显的杂交标记，标记位置应做到一致。若雌花柱头出水，就必须停止授粉，并及时摘除未授粉或未套帽的雌花。一朵雄花可授3～4朵雌花，西瓜每株杂交一个瓜即可，个别难以坐瓜的需授2～3个瓜，甜瓜一般要集中同时授2～4个瓜。最终保证西瓜每株坐果1个，甜瓜大哭型品种坐瓜1～2个，小果型品种坐果2～3个即可。采花器皿不同品种间不可混用，发夹用过后用酒精浸泡后可再用，纸帽放置3～5 d之后才可以重复使用。

3.授粉方法抽查

在制种农户授粉时查看是否采摘了未套帽的雄花用来授粉，是否给未套帽的或去雄不干净的雌花授粉，授粉标记是否清晰一致。

4.判断坐瓜的方法

杂交授粉的西瓜子房在3～4 d后迅速膨大发育（鸡蛋大小），果实具有光泽，绒毛开始褪去，子房向下弯曲，表明该果实已坐住，可停止该株授粉。

5.促进生长过旺的母本坐瓜的方法

西瓜母本植株生长过旺时，可在主蔓上留2～3个侧蔓，侧蔓长出2～3叶时摘心并抹去腋芽，摘除其余侧枝，目的是利用侧蔓控制主蔓生长，以利于主蔓坐瓜。授粉瓜坐果后，以后节位上的雌花应及时摘除，以防坐瓜导致营养竞争而使授粉瓜化瓜，或引起混杂。

6.提高无籽西瓜坐果率的方法

无籽西瓜在生长期用0.4%尿素或0.2%磷酸二氢钾根外追肥，每7～10 d喷一次，连喷3次，有利于花蕾发育；始花期用0.1%或0.2%硼酸水溶液每5 d喷一次，连喷3次，可有效防止落花落果，提高授粉坐果率。

7.西瓜、甜瓜授粉时间冲突的解决方法

家中同时种植制种西瓜、甜瓜且授粉时间冲突、劳力不足时，可根据情况先授西瓜，后授甜瓜。

8.西瓜、甜瓜制种过程中父本雄花开花过晚或花粉不足的处理方法

如感觉到父本开花太迟，应减少对父本水分和营养的供应，促使雄花发生；花粉不足时，可将父本主蔓摘心，抑制顶端优势，促使侧枝生长，增加花数以满足授粉需要。

表 3-4-6 西瓜、甜瓜制种田间档案记载表

合同户编号		户主姓名	
地块名称（编号）		制种面积	
开花时间	父本		
	母本		
授粉时间	开始		
	结束		
追肥		时间：	肥料用量：
去杂	父本		
	母本		
灌溉	头水	时间：	灌量：
	二水	时间：	灌量：
	三水	时间：	灌量：
病虫害防治		种类：	防治方法：
		种类：	防治方法：
		种类：	防治方法：
坐果率			
去雄质量			
父本砍除情况			

表 3-4-7　西瓜、甜瓜制种田间检验

检验时期	母本				父本			
	被检株数	杂株数	纯度	病虫害感染情况	被检株数	杂株数	纯度	病虫害感染情况
开花后授粉前								
坐果期								
意见与建议								

检验人：　　　　　　　　制种户：　　　　　　　　年　　月　　日

任务六　后期管理

【任务目标与质量要求】

人工杂交授粉以后，做好瓜田管理工作。主要是根据制种西瓜、甜瓜的长势、土壤水分状况及时灌水，确定合适的灌水定额，既能满足果实生长的需要又不会造成灌水过多而化瓜。依据品种特征，对长势过旺的植株进行摘心，打去多余的枝杈，减少营养消耗，促进同化产物向果实运输。结合整枝打杈进行翻瓜、去杂，翻瓜有利于果实均匀受光，促进种子发育。同时督促农户将标记不清、性状不一的杂株拔除。

【学习产出目标】

(1)按要求进行灌溉追肥。

(2)根据西瓜、甜瓜生长势和坐瓜情况适时摘心打杈。

(3)翻瓜。

(4)彻底清除无授粉标记的自然瓜和杂瓜，拔除病株、劣株。

(5)进行病虫害调查，并及时开展防治。

(6)填写田间档案，做好质检记录(表 3-4-8，表 3-4-9)。

【工作程序与方法要求】

一、灌溉追肥

（一）工作内容

灌水：人工授粉 5～7 d 后，全田 70％以上幼果坐稳(瓜如鸡蛋大小)时浇水，以促使果实及种子充分发育。果实迅速膨大至成熟应酌情浇水 2～3 次，在果实成熟前 7～10 d 停止浇水，以利于种子充分生理成熟，显现品种固有色泽。

追肥：在膨瓜期结合浇水，每公顷追施尿素 75～120 kg 加磷酸二铵 150 kg 可促进植株生长，防止早衰，并能提高种子产量、质量。

（二）工作要求

每次灌水都应酌情适量，严禁漫垅、积水，诱发病害。

【业务知识与经验分享】

1.坐果期水肥及田间管理技术

坐果期灌溉水量以当时降水为参考，水量不宜过大，以土壤见干见湿为原则，以免引起徒长，造成化瓜。高温季节应在早晚进行浇水。

打杈时结瓜节内的那条侧枝可留下，使该枝的同化产物优先供应果实，此外还可以防止化瓜和遮阴防晒。

做好水肥管理和果实管理的同时，一定要做好病虫害防治工作，生物防治和化学防治相结合，早发现早处理，严防病虫害蔓延。

2.制种田植株早衰的管理方法

对植株长势弱，有早衰症状的西瓜甜瓜植株要及时进行磷酸二氢钾叶面追肥，以促生长，提高产量。

三、摘心打杈

（一）工作内容

摘心：当瓜秧已经铺满行间，瓜已经坐住，进入肥大期时，为了防止营养生长与果实争夺养分，可进行摘心。

打杈：瓜蔓条数留定后，在生长期间再出现的侧枝即可打去，对于短蔓、生长势弱、叶小而少的品种应区别对待，最好不摘心、不打杈，以增加其同化面积。

（二）工作要求

要根据西瓜甜瓜生长势的强弱和坐瓜情况适时摘心打杈。

【业务知识与经验分享】

摘心打杈在何时进行

摘心打杈要在晴天上午进行，有利于植株伤口愈合，严禁在阴雨天进行，以避免病虫侵染。

三、翻瓜

（一）工作内容

结合摘心与打杈进行翻瓜。一般大型品种从 2～2.5 kg、小型品种从 1～1.5 kg 开始，于下午瓜柄水分减少不易折断时，将瓜轻轻转动，共进行 2～3 次。

（二）工作要求

每次翻瓜角度不要过大，使阴面见光即可。

四、清田去杂

（一）工作内容

全田授粉结束后，应该按品种特性选留适当的坐果数，尤其是甜瓜需及时把多余的或不正常的幼果摘除，彻底清除无授粉标记的自然瓜和杂瓜，拔除病株、劣株等。

（二）工作要求

要求去杂彻底。

五、病虫害防治

（一）工作内容

此阶段气温高、降雨多，是西瓜、甜瓜果实膨大生长的关键时期，也是病虫害发生的高峰期，一定要做好病虫害的防治工作。

（二）工作要求

早发现早防治，防止病虫害发展蔓延。

【业务知识与经验分享】

西瓜、甜瓜后期病虫害防治方法

病害：蔓枯病一般在7月中旬发病，可喷施百菌清、甲基托布津、代森锰锌等或用涂茎的方法进行防治；白粉病一般在7月中旬发病，发病初期及时拔除发病中心株，点片可用粉锈宁、世高等喷施防治；霜霉病一般在7月中旬发病，要及早点片防治，用杜邦克露、代森锰锌、雷多米尔、杀毒矾等进行喷施防治；枯萎病发病初期要及时拔除病株并带离田间深埋销毁，不要大水漫灌，避免田间积水，可用瑞毒霉、敌克松、甲基托布津等进行喷施防治。

虫害：螨虫一般在7月发生，可用阿维菌素、虫螨克、虱螨净、克螨特等进行喷雾防治；蚜虫在7月发生，生物防治与化学防治相结合，可在田间挂吊银灰色避蚜膜驱赶蚜虫，防止其为害和病毒病传入，发生初期拔除中心株，点片防治可用一遍净、乐果及广谱杀虫剂进行喷雾防治。

表 3-4-8　西瓜、甜瓜制种田间档案记载表

<table>
<tr><td colspan="2">合同户编号</td><td></td><td>户主姓名</td><td></td></tr>
<tr><td colspan="2">地块名称
（编号）</td><td></td><td>制种面积</td><td></td></tr>
<tr><td colspan="2">追肥</td><td colspan="3">时间：　　　　　　肥料用量：</td></tr>
<tr><td colspan="2">去杂</td><td colspan="3"></td></tr>
<tr><td rowspan="3">灌溉</td><td>四水</td><td colspan="3">时间：　　　　　　灌量：</td></tr>
<tr><td>五水</td><td colspan="3">时间：　　　　　　灌量：</td></tr>
<tr><td>六水</td><td colspan="3">时间：　　　　　　灌量：</td></tr>
<tr><td colspan="2" rowspan="3">病虫害防治</td><td colspan="3">种类：　　　　　　防治方法：</td></tr>
<tr><td colspan="3">种类：　　　　　　防治方法：</td></tr>
<tr><td colspan="3">种类：　　　　　　防治方法：</td></tr>
<tr><td colspan="2">摘心情况</td><td colspan="3"></td></tr>
<tr><td colspan="2">翻瓜情况</td><td colspan="3"></td></tr>
</table>

记载人（签字）：　　　　　　　　　　　　　　记载日期：　　年　　月　　日

审核人（签字）：

表 3-4-9 西瓜、甜瓜制种田间检验

检验时期	母本			
	被检株数	杂株数	纯度	病虫害感染情况
成熟期				
意见与建议				

检验人： 制种户： 年 月 日

任务七　收获与晾晒

【任务目标与质量要求】

根据制种品种生育期长短、授粉时间等判断，果实成熟即可采收。采收时要事先对全田果实进行一次去杂，将与品种特性不相符的杂瓜一律清除，然后再由负责制种的农户将符合标准的瓜统一采收、统一堆放。剖瓜取籽时再将瓤色、籽粒与品种特性不符的杂瓜淘汰，将掏出的种子进行适当的发酵，然后淘洗，并进行种子消毒处理。将洗干净的种子晾晒至安全水分，装袋待检。

【学习产出目标】

(1)采收前 3 d，将不符合要求的果实全部清除。

(2)种子成熟，统一采收、统一堆放。

(3)剖瓜去杂。

(4)淘洗。

(5)填写档案，做好记录(表 3-4-10，表 3-4-11)。

【工作程序与方法要求】

一、沟选

(一)工作内容

采收前 3 d 应再清田一次，将无标记的瓜摘除，对果形不一、皮色不一、条纹色不一、形状不一和植株不具备母本特性的果实以及有病、腐烂的果实全部清除，对于存疑的瓜也应坚决摘除，严防混杂。

(二)工作要求

去杂要坚决彻底，严防混杂。

二、采收

(一)工作内容

根据授粉日期推断，当杂交授粉果实内的种子达到生理和形态完全成熟时进行采收，将与母本特征特性一致的杂交果实统一采收、统一堆放。

(二)工作要求

果实成熟、性状一致。

采瓜时由负责制种的农户本人采收有授粉标记的符合本品种特征的成熟果实(外人

一律不得采收），采收到过熟的瓜须立即掏种，腐烂瓜、病瓜及瓜内种子发芽的瓜均应淘汰。

【业务知识与经验分享】

1.西瓜、甜瓜采收时间的确定

根据果实发育期，西瓜一般授粉后早熟种30～32 d、中熟种35～40 d、晚熟种40～45 d采瓜，甜瓜从雌花开放到果实成熟，一般早熟种约30 d，中熟种35 d左右，晚熟种多在40 d以上即可成熟，当杂交授粉果实内的种子达到生理和形态完全成熟时进行收获，最好同一田块能根据不同的授粉标记或熟性外观进行分批采收，如需一次采收，应将正常成熟的瓜放入通风干燥房间后熟几天，欠熟的果实应再长点时间，以获得饱满的种子，保证较高的发芽势。要根据天气预报，采瓜应在晴天上午进行。

2.如何判别甜瓜生理成熟

(1)根据品种特点和授粉时间判断；

(2)根据果实成熟的特征，果皮显现出该品种固有的颜色，光滑发亮，有较浓的香味；

(3)指弹发出浑浊的“扑扑”声；

(4)用手轻捏或轻压感到有弹性或较软；

(5)有的品种成熟时瓜蒂落离，或果柄与果实连接处四周有裂痕。

3.采前估产

在西瓜、甜瓜即将成熟收获时，及时进行要估产，每户都要估到，认真记录并告知制种农户估产结果，目的是防止种子被套购、流失。

三、剖瓜去杂

（一）工作内容

剖瓜时认真仔细地观察、鉴别每一个果实剖面，对瓤色不一，种子大小、颜色、形状不一的果实进行再次清理，严防有混杂、变异的果实种子混入。

（二）工作要求

要求：认真鉴别，去杂坚决、准确。

剖瓜取种时，把好最后一道质量关，发酵时严禁在炎热高温的阳光下进行，以免影响种子的发芽率。

【业务知识与经验分享】

剖瓜去杂、发酵的方法

剖瓜时认真仔细地观察、鉴别每一个果实剖面，对瓤色不一，种子大小、颜色、形状不一的果实进行再一次清理，严防有混杂、变异的果实种子混入。鉴别之后，将符合要求的杂交果实瓜瓤连同种子一同掏入塑料容器或编织袋内，在阴凉环境下进行12 h以内的自然发酵（无籽西瓜应该随时掏瓜随时淘洗，严禁发酵，以免降低发芽率）。杂交西瓜种子经过自然发酵过程后，能将种子表皮的病菌全部或部分杀死，降低种子带菌的可能性，同时，经过发酵过程，种子和瓜瓤自动分离，利于种子的漂洗。

四、淘洗

（一）工作内容

漂洗之前可适当发酵，漂洗种子时，将分离出的瓜瓤、秕籽、杂质全部漂洗干净，将种子表面的黏液用手搓干净，再用清水漂洗干净，将水滤尽，去除对种子发芽有抑制作用的物质。

（二）工作要求

漂洗种子要用自来水、清水。晾晒种子要迅速，切忌将种子摊置在塑料膜和金属制品上或直接摊置在水泥地和土砖地上，以免造成种子色泽、发芽率、净度与质量标准降低。清选种子前清理干净清选用具，防止种子机械混杂。

【业务知识与经验分享】

1.种子发酵的要求

种子发酵过程不宜在金属容器内进行，以免影响种皮色泽；发酵种子不能沾水，否则易造成种子发芽。

2.解决无籽西瓜“三低”问题的方法

为解决无籽西瓜“三低”问题（采种量、发芽率、成苗率低），可在其8～9成成熟时收获，立即剖瓜淘洗，不进行发酵，并快速烘干。

五、种子药物消毒

（一）工作内容

细菌性病害发生严重，特别是西瓜果腐病的危害，在国内外引起极高的重视，种子带菌是一种病菌传播途径，因此，工作人员要指导和监督制种农户做好种子消毒工作，使种子充分消毒。

（二）工作要求

方法得当，消毒彻底。

【业务知识与经验分享】

种子药物消毒方法

用1%盐酸或过氧化氢或次氯酸钠，将经过发酵并经清水洗净的种子，用塑料纱网袋或直接倒入盛装消毒液的容器中浸泡15 min，浸泡时要不停地搅动种子，使种子消毒充分，到时间后将种子捞出，漂洗干净，平摊在塑料纱网筛上高架晾晒，勤翻晒，以利于种子迅速干燥。

六、晾晒清洗

（一）工作内容

晾晒：晾晒种子要放置在干净的布单、席子及麻袋等物上，场所要通风，厚度不超过2 cm，需经常翻动，晚上收起时，放在凉处，不可堆积过厚，在炎热的晴天下晒2～3 d，即可将种子晒干至安全水分。有条件的地方也可以用烘干法。

清选：晾干的种子用簸箕、风车、筛子等工具选去秕籽、石粒、小粒后，再手工挑除畸形籽、霉籽。

（二）工作要求

种子水分达到8%，净度99%。

【业务知识与经验分享】

种子快速晾晒的方法

晾晒种子时切勿放置在塑料膜、铁器制品和水泥地面上，防止高温暴晒将种子胚烫死烧伤，而致使种子丧失发芽能力。适宜的晾晒物是塑料纱网筛、竹筛、帆布、床单等通气良好的物品上，采用高架晾晒的方法，即将网筛、竹筛、帆布、床单等架起，离地面1.5 m左右，有利于空气流通，使种子迅速干燥。

七、装袋待检

（一）工作内容

将清选出的干净的种子存放在麻袋、布袋或编织袋内，同时将每一包装袋内外均放置标牌，写明品种、袋号、产地、户名、数量、年份，扎牢袋口，将种子袋放在干燥、无污染、无虫鼠害的地方（切忌将种子袋放在地面），以待交售。

（二）工作要求

不同品种要单装、单收，经常查看，防止种子混杂、霉变。

表 3-4-10　西瓜、甜瓜制种田间档案记载表

合同户编号		户主姓名	
地块名称（编号）		制种面积	
估产		时间：	
		产量：	
去杂	采前沟选		
	剖瓜去杂		
采收时间		开始：　　　结束：	
种子消毒		药品：　　　用量：　　　处理时间：	
清选方法			
产量			

记载人（签字）：　　　　　　　　　　记载日期：　　年　　月　　日

审核人（签字）：

表 3-4-11　西瓜、甜瓜制种田间检验

检验时期	母本			
	被检株数	杂株数	纯度	病虫害感染情况
采前沟选				
剖瓜去杂				
意见与建议				

检验人：　　　　　　　　制种户：　　　　　　　　年　　月　　日

任务八　检验与收购

【任务目标与质量要求】

在制种农户晾晒合格的种子中抽取有代表性的样品上交报检，检验内容主要包括发芽率、水分、净度、纯度等，检验合格的种子即可组织农户进行交售，公司便可以进一步进行包装、销售工作。

【学习产出目标】

（1）取样报检。

（2）检验。

（3）收购包装。

（4）填写田间档案，做好质检记录（表 3-4-12，表 3-4-13）。

【工作程序与方法要求】

一、取样报检

（一）工作内容

将制种户的全部种子充分混匀后，摊成 2 cm 厚的方形，按棋盘式取样，“四分法”编排样本至规定量。为确保公平，样本应一式 3 份，即制、收种双方各密封保存样品一份，上交种子管理部门鉴定一份，编号报检。

（二）工作要求

取样须有代表性和真实性，制、收种双方报检前要封样。

【业务知识与经验分享】

种子取样和检验的要求

取样一定要有普遍性，并做好封样工作，以免发生纠纷。种子检验速度要快，结果要准确，以便及时收购包装合格种子，防止种子流失，并可抢先进入市场销售。

二、检验

（一）工作内容

瓜类种子检验依相关标准执行，在田间去杂的基础上进一步进行室内鉴定和南繁种植鉴定。室内鉴定包括种子发芽率、水分、千粒重、净度分析，南繁种植鉴定主要测定杂交率。西瓜杂交种一级纯度不低于 98%，二级纯度不低于 95%，发芽率不低于 90%，水分不高于 8%，净度不低于 99%。

（二）工作要求

种子经过鉴定检验，达到国家规定的种子质量标准后，方可收购。

【业务知识与经验分享】

西瓜、甜瓜种子含水量和净度检验方法

按照西瓜、甜瓜种子检验的规定，用扦样器在交售的种子袋中随机取样并混合。种子含水量检测目前基本都是用快速水分速测仪，测定 3 个分样，要求结果差距在 0.2% 以内，求平均值，否则，应重新测定。净度分析选用 7 mm 筛，按要求进行测试。

三、收购包装

（一）工作内容

对检验合格的种子要及时组织农户进行定量包装并交售。按照种子管理规程和种子公司要求统一进行包装、销售。

（二）工作要求

按相关国家标准执行。

表 3-4-12　西瓜、甜瓜制种田间档案

合同户编号			户主姓名	
地块名称（编号）			制种面积	
取样			时间：	编号：
封样			时间：	编号：
收购			日期：	数量：

记载人（签字）：　　　　　　　　　　记载日期：　　年　　月　　日

审核人（签字）：

表 3-4-13　西瓜、甜瓜种子检验记录

检验项目	检验记录	检验人
发芽率		
水分		
净度		
纯度		

记载人（签字）：　　　　　　　　　　记载日期：　　年　　月　　日

审核人（签字）：

【知识拓展】

无籽西瓜杂交制种技术

一、播前准备

1.亲本选择

用于杂交制种的亲本要求母本纯度≥99.0%，父本纯度≥99.9%，父、母本发芽率≥99.9%。播种前需进行亲本种子粒选，以确保苗齐苗壮、集中授粉。

2.选地

选择3年以上未种过葫芦科作物、土质疏松肥沃的壤土或砂壤土，盐碱地及地下水位高的地不宜选为制种田。制种田要求灌排方便，四周设置500～100 m隔离带，开春每亩施磷酸二铵20～30 kg，有条件的地区可基施优质农家肥1～2 t。

二、播种

1.父母本配比

父母本配比一般为1∶(15～25)。

2.适期播种

新疆北疆地区宜在4月底至5月上旬播种，为了确保有足够的雄花供粉，父本应比母本提前10 d播种。

3.适量播种

西瓜制种要求合理密植，行株距一般为1.5 m×(0.20～0.25)m，单粒穴播，每亩保苗2 100～2 500株。父本因株数少，生长势强，故株距多0.45 m，双粒穴播，一般出苗后不间苗。

4.播种方法

父本采用小拱棚栽培，出苗后不需整枝，把瓜蔓理顺放到垄背上即可；母本采用地膜栽培，在距瓜沟10 cm处挖穴播种，播深2 cm左右，因泥沙土易增温、遇雨水后不板结，所以最好用泥沙土覆盖。

三、田间管理

1.肥水管理

制种田一般浇5～7次水，即播前水、播种水、甩蔓水、果实膨大水及生长后期水等，甩蔓水和果实膨大水较为关键。施肥要结合灌水，授粉前3～7 d，瓜苗营养生长、生殖生长都很旺盛，需肥量较大，此期要结合灌水，每亩追尿素10～20 kg。授粉20 d后果实易裂，此时应以磷、钾肥为主。

2.植株管理

无籽西瓜制种采用单蔓整枝法,保留主蔓,将全部侧蔓去除,直到坐瓜为止。一般保留第2朵雌花坐瓜较好,并需在授粉瓜后5～6节打顶。在整枝的同时用土块压蔓,以防大风吹翻瓜蔓,影响授粉坐瓜。

3.病害防治

雨前,用58%甲霜灵锰锌、72.7%普力克和40%乙磷铝可湿性粉剂防治疫霉病。枯萎病应以预防为主,个别病株应及时拔除,地外挖坑深埋;对病田可用敌克松、甲基托布津、多菌灵灌根。细菌性果斑病一般用农用链霉素500倍液、30%二元醇铜或可杀得2000等药剂防治。

4.虫害防治

地下害虫主要是地老虎和金针虫,可用敌百虫等制毒饵诱杀。对蚜虫、红蜘蛛以50%乐果乳油或70%克螨特3 000倍液喷雾防治。

四、杂交授粉

杂交授粉是制种生产过程中最关键的环节,良好的授粉才能使种子质优量多,必须严格、认真、及时按制种技术进行操作,确保授粉质量。

1.授粉时间

西瓜属半日花,一般情况下,在开花4 h后柱头即开始分泌黏液,雄花也散粉将尽,所以应在开花后4 h内授粉完毕。

一般晴天上午8:00～10:00是最佳授粉时间,多云或阴天时,可适当延迟,雨天因空气湿度大,花药的出粉率低,花粉萌发率也低,一般不进行授粉,但须将当日开的雌花全部摘除。

2.授粉质量

为了保证有足够的单瓜种子数,须授粉全面,应将子房3裂柱头均匀地抹满花粉,某一裂没粘上花粉或花粉较少,可造成部分胚珠受精不良,产生畸形果,严重时造成落果,降低种子产量。

授粉后应立即套上纸帽,并用大头针或红线绳等在瓜前打上明显的杂交标记。1朵雄花可授3～4朵雌花,每株杂交1个瓜即可,个别难以坐瓜的需保留2～3个瓜。

五、后期田间管理

全田授粉结束后,需进行清田工作,彻底清除无授粉标记的自然瓜和杂瓜,拔除病株、劣株和全部父本,以确保制种质量。

六、种子采收

1.采瓜

采瓜应在晴天上午进行，根据果实发育期，最好能根据不同的授粉标记日期或熟性外观进行分批采收，如需一次性采收，应将正常成熟的瓜放入通风干燥房间后熟 7 d，欠熟的果实后熟时间可再长点，以获得饱满的种子，保证较高的发芽势。

2.晾晒

用掏种器将瓜种取出，进行淘洗，洗净的种子应晾晒在干净的布单、席子及麻袋等物上，场所要通风，种子摊铺厚度不超过 2 cm，不宜直接摊晾在热水泥地或其他不透气物体上，避免高温、高湿状态下种子窒息而降低发芽率和发芽势。

3.精选

晾干的种子用簸箕、风车、筛子等工具选去秕籽、石粒和小粒，手工挑除畸形籽、霉籽，挂上标签，注明品种代号、生产者姓名及重量，分装入库。

附　录

Appendix

Appendix

Appendix

Appendix

相关标准

附录一

玉米杂交种全程机械化生产技术规程

（DB 6523/T 325—2021）

1.范围

本文件规定了玉米杂交种种子全程机械化的制种基地、播种、田间管理、收获的要求。

本文件适用于昌吉回族自治州行政区域范围内玉米杂交种种子的全程机械化生产。

2.规范性引用文件

下列文件中的内容通过文中的规范性引用而构成本文件必不可少的条款。其中，注日期的引用文件，仅该日期对应的版本适用于本文件；不注日期的引用文件，其最新版本(包括所有的修改单)适用于本文件。

GB/T 15671—2009　农作物薄膜包衣种子技术条件

GB/T 20464—2006　农作物种子标签通则

GB 4404.1—2008　粮食作物种子第1部分：禾谷类

GB/T 7415—2008　农作物种子贮藏

GB/T 8321(所有部分)　农药合理使用准则

NY/T 611—2002　农作物种子定量包装

DB 6523/T 267—2019　制种玉米水肥一体化技术规程

DB 6523/T 295—2020　玉米杂交制种机械去雄作业技术规程

注：附录中相关标准均以主管部门发布的文件为准，在不改变标准原意的基础上，本书中略有整理。

3.术语和定义

下列术语和定义适用于本文件。

3.1 亲本种子 parental seed

由原种扩繁并达到规定标准,用于生产大田用杂交种子的种子。(来源:GB/T 17315,3.3)

3.2 杂交种种子 commercial hybrid seed

直接用于大田生产的杂交种子。(来源:GB/T 17315,3.4)

3.3 空间隔离 space isolation

为防止其他玉米种植田对杂交制种田形成的生物学混杂,杂交制种田必须与其他玉米田在空间上有一定的空间隔离距离。(来源:DB 65/T 2134,3.13,有修改)

3.4 时间隔离 time isolation

在生长期长的地方,利用不同时期播种,使相邻种植的两种玉米不在同期散粉以防混杂的称为时间隔离。(来源:DB 65/T 2134,3.12)

3.5 屏障隔离 barrier isolation

利用山岗、树林、村庄、高秆作物以及父本等屏障物,以遮拦其他玉米花粉源的方式称为屏障隔离。(来源:DB 65/T 2134,3.11,有修改)

3.6 散粉株 powder dispersing plant

母本花丝抽出后至萎蔫前,如果发现植株上出现雄穗花药外露 10 个以上,即定为散粉株。

4.制种基地

4.1 隔离区选择

4.1.1 空间隔离

其他玉米花粉源距玉米制种田空间水平直线距离不少于 300 m。

4.1.2 时间隔离

春播玉米其他玉米田与玉米制种田播期相差不少于 40 d。

4.1.3 屏障隔离

制种玉米田与其他玉米花粉来源地之间空间距离不足 300 m 时,制种玉米田与其他玉米花粉来源地采用以村庄、树林、河堤、山冈、沙丘等屏障为隔离,自然屏障隔离带宽不少于 50 m,高秆作物(2 m 以上)隔离带宽度不少于 30 m,如空间隔离带宽不足 200 m,每减少带宽 100 m,须增加高秆隔离带 10 m;制种玉米田与其他制种玉米花粉来源地采用父本、林带或高秆作物隔离。

4.2 基地选择

制种基地选择地势平坦、排灌方便、土壤肥力均匀、集中连片、便于机械化生产的地块,不重茬,前茬不是甜菜、油葵作物地块,交通便利,机械匹配度高。海拔高度、有效积温、灌溉条件等应符合制种玉米制种需求。当地政府支持，劳动力资源充足，当地农户有多年制种经验和质量意识，有制种积极性。

5.播前准备

5.1 秋翻

作物收获后15 d内，最晚11月5日前进行翻耕，结合天气情况，应在封冻前结束。使用160马力以上的拖拉机带4～5犁铧作业，作业速度5～6.5 km/h，秋翻深度要求不低于25 cm，耕深一致，翻垡均匀，不重不漏，耕犁到头到边。熟土层过浅的地块，可采取上翻下松的松土方法加深耕层，以免将下层的生土和砂石翻到土壤耕层。秸秆还田及绿肥地要切茬，翻埋良好。

5.2 施足基肥

结合秋翻施足基肥，犁地前施优质有机肥料2 000～3 000 kg/666.7 m^2或生物有机肥50～60 kg/666.7 m^2，实行秸秆还田，氮磷复合肥30～35 kg/666.7 m^2、硫酸锌肥2～3 kg/666.7 m^2，均匀撒施于地面，深翻入土做基肥。施肥时应根据土壤肥力实际情况调整，肥力高的地块可适当减少施肥量，肥力低的地块可适当增加施肥量。

5.3 整地

用激光平地位进行平地，平地的标准在小范围内无大于15°的斜坡。整地要求应达到“齐、平、松、碎、净、墒”六字标准。具体要求如下：

a)齐：地头地角耙整齐，不漏耙，行走路线要直。

b)平：作业后土壤地表平整，无沟垄，无土堆、土条，无碾压痕迹和明显的凹坑。

c)松：作业后土壤表层疏粉，达到上松下实，表层有5～8 cm的松土层，并保持适宜的紧密度。

d)碎：土块要细碎，不得有直径大于10 cm以上的土块和泥条。

e)净：地表干净，无残茬、杂草和残膜。

f)墒：手抓地表至8 cm深土壤，手握成团，松手落地均匀散开为宜。

5.4 喷施封闭式除草剂

春季气温稳定到8 ℃时，在傍晚或夜间进行，喷施乙草胺100 g/666.7 m^2，兑水量为30～50 kg，喷洒均匀。

5.5 耙地

封闭式除草剂喷施后，及时耙地，使用联合整地机前端安装重型钉齿耙，耙深不得超过6 cm，切实做到浅耙、浅播。根据农艺要求应采用直耙、对角耙。

6.播种

6.1 亲本种子

应选择适宜机播、机械去雄等机械化作业的品种，并根据品种生育期选择适宜本地区生产的品种。亲本种子质量应符合 GB 404.1 中 4.2.2 的质量要求，纯度≥99.0%、净度≥99.0%、发芽率≥80%、水分≤13.0%，父本种子和母本种子包衣应选择不同颜色，以区分父母本种子，种子包衣应符合 GB/T 15671 的质量要求。

6.2　播种时间

结合当地土壤、气候、生产条件和实践经验确定播种时间，土层 5～10 cm 处土壤温度稳定在 10～12 ℃时播种，一般在 4 月 10 日至 4 月 25 日。

6.3　播种方法

根据种子的生物特性和农艺要求，确定同期或分期的播种方案，父、母本行比和种植密度。采用一播四管四膜八行玉米精量播种机播种，膜宽 70 cm，卫星导航播种，行距为 60 cm＋40 cm，宽窄行，以便于机械作业，株距根据品种特性和种植密度确定。

6.4　播种要求

播种空穴率不超过 3%。严禁父母本错行、乱行、并行；田间出苗率不低于 90%。

7.田间管理

7.1　中耕

父、母本出苗显行即可中耕，要求至少 2～3 次，中耕第一次深度 10 cm，中耕第二次深度 15 cm，耕深由浅到深，每次间隔 10 d 左右。

7.2　水肥管理

制种玉米水肥施用管理需按照 DBN 6523/T 267—2019 的要求执行。

7.3　田间去杂、去劣

第一次去杂，在 4～5 叶期进行，去大苗、杂色苗；第二次在玉米 7～8 叶期时再严格去杂一次；第三次在浇完头水后未抽雄前再进行田间去杂。父本杂株率不高于 0.05%。母本杂株杂株率不高于 0.1%。在去杂过程中应将杂株从根部砍除。

7.4　病虫害防治

7.4.1　防治原则

坚持“预防为主，综合防治”的原则，以农业防治、物理防治、生物防治和化学防治相结合的方法有效控制病虫草危害。化学药剂的使用应符合 GB/T 8321(所有部分)的规定。

7.4.2　种子包衣

使用 29%噻虫·咯·霜灵悬浮种衣剂 300～450 mL/100 kg 或 35 g/L 咯菌·精甲霜悬浮种衣剂药种比 1∶(667～1 000)防治玉米茎腐病，包衣种子应符合GB/T 15671 的要求。

7.4.3　农业防治

7.4.3.1　实行 2～4 年轮作，防治玉米瘤黑粉病、玉米丝黑穗病等土传病害。

7.4.3.2　及时清毁病残体，清除病株，降低病源基数。

7.4.3.3　及时铲除田边、渠边杂草，通过粉碎、碾压、堆沤等方式处理残存的玉米秸秆，降低虫卵基数。

7.4.4　物理防治

7.4.4.1　90%晶体敌百虫 0.5 kg，加水 3～5 kg，喷在 50 kg 粉碎炒香的棉籽饼或油渣上，也可与切碎鲜草拌匀，在傍晚撒施于作物根部土表诱杀地下害虫。

7.4.4.2　使用杀虫灯或高压汞灯或性诱剂诱杀防治成虫。使用糖醋液诱杀成虫。

7.4.5　生物防治

使用赤眼蜂防治玉米螟，于玉米螟卵盛期在田间放蜂 1～2 次，放蜂 1.5 万头/666.7 m^2。

7.4.6　化学防治

7.4.6.1　在玉米地四周林带或渠埂上喷施高效氯氰菊酯杀虫剂，打封锁带，降低虫卵基数。

7.4.6.2　用 1.8%阿维菌素 2 000～3 000 倍液，或 2.5%吡虫啉可湿性粉剂 1 500 倍液，或 20%哒螨灵 3 000 倍液叶而喷施防治苗期叶蝉和红蜘蛛危害。

7.4.6.3　苗期至大喇叭口期前用 15%粉锈宁可湿性粉剂 60～80 g/666.7 m^2 叶面喷施 1～2 次防瘤黑粉病。

7.4.6.4　玉米大喇叭口期，用 14%氯虫苯甲酰胺高效氯氟氰菊酯微囊悬浮-悬浮剂 10～15 mL/666.7 m^2，或 22%阿力卡微囊悬浮-悬浮剂 10 mL/666.7 m^2，兑水 30 L 进行均匀喷雾，重点将药液喷施于玉米心叶内，兼治叶蝉和蚜虫。

7.4.6.5　田间玉米茎腐病未发病或零星点状发病初期喷施 50%多菌灵 500 倍液或 65%代森锰锌 1 000 倍液，滴灌施用 50%多菌灵 WP 120 g/667 m^2 和 25%戊唑醇 WP 140 g/667 m^2。

7.4.6.6　玉米双斑萤叶甲成虫盛发期施用 4.5%高效氯氰菊酯乳油 2 000 倍液，或 20%速灭杀丁 2 000 倍液，或 2.5%功夫乳剂 2 000 倍液或 20%吡虫啉乳油 3 000 倍液喷雾防治。

7.5　去雄

7.5.1　去雄要求

去雄地块要求应地块平整，玉米长势一致，适宜机械抽雄作业。

7.5.2　去雄方式

抽雄选择八行自走式去雄机进行机械去雄，抽雄时间根据品种特性和农艺要求确定，去雄作业标准应符合 DB 8523/T 295—2020 的要求。机械去雄结束后及时进行人工复查，去净剩余母本雄穗和雄穗残枝，干净、彻底拔除雄穗，不留分枝。发现一株母本散粉株，周围 5 m 以内植株全部砍除。去雄结束后，尚未打苞的植株（三类苗），应连株拔掉，彻底清理。

7.5.3　去雄标准

机械去雄抽净率不低于 90%，植株损伤率不高于 10%。人工复查单次检查母本散粉植株数不超过 0.2%，3 次检查母本散粉株率累计不超过 0.5%。拔出的雄穗要带出地外，在去其他品种地块前需更换衣服。

7.5.4 砍除父本

母本授粉结束后 7 d 内，必须把制种田间的所有父本从根部砍除，以利于通风透光和防虫作业，提高制种产量。

8.收获和加工

8.1 果穗收获

根据品种特性和农艺要求，在最适收获期内进行果穗收获（乳线退至 2/3 以下，黑胚层未形成之前）；未确定最适收获期的玉米品种，在玉米完熟期后，即果穗叶片变黄，苞叶呈白色、质地松软、发散，籽粒基部出现黑层，籽粒乳线消失变硬，并呈现本品种所固有的粒形和颜色时，采用机械收获。果穗收获选择自走式玉米果穗收获机，采用梭形或套形作业，作业速度为 7 km/h，调头区清理长度不小于 10 m。

8.2 穗选

收获后及早进行穗选。根据穗形、粒形、粒色、轴色，拣出变异穗、秕粒穗、霉变穗、虫吃穗、鼠咬穗、未成熟穗等影响到种子质量的其他杂穗。穗选后杂穗不高于 0.1%，霉变病腐穗不高于 0.5%。

8.3 烘干

烘干温度上风温度不高于 42 ℃，下风温度不高于 38 ℃。果穗烘干时间根据果穗的实际水分确定，去除每个水分点的时间不少于 3 h。

8.4 脱粒

当水分降至 13%以下时脱粒，脱粒脱净率不低于 99%。

8.5 种子贮藏

种子贮藏应符合 GB/T 7415 的贮藏要求。

9.杂交种子质量

收获、加工后杂交种种子质量应符合 GB 4404.1 中 4.2.2 的质量要求，纯度≥97.0%、净度≥99.0%、发芽率≥93%、水分≤13.0%，种子的标签和包装需符合 GB/T 20464 和 NY/T 611 的要求。

参考文献：

[1] GB/T 17315—2011　玉米种子生产技术操作规程
[2] DB 65/T 3372—2012　玉米主要害虫综合防控技术规程
[3] DB 65/T 2134—2004　玉米杂交种繁殖制种技术规程

附录二
制种玉米亲本主要指标评价方法
（DB 6523/T 328—2021）

1.范围

本文件规定了制种玉米亲本活力、花期间隔时间、父本植株散粉周期三个方面的评价方法。

本文件适用于昌吉回族自治州行政区域范围内制种玉米亲本的评价。

2.规范性引用文件

下列文件中的内容通过文中的规范性引用而构成本文件必不可少的条款。其中，注日期的引用文件，仅该日期对应的版本适用于本文件；不注日期的引用文件，其最新版本（包括所有的修改单）适用于本文件。

NY/T 3766—2020 玉米种子活力测定　冷浸发芽法

3.术语和定义

下列术语和定义适用于本文件。

3.1　种子活力 seed vigor

指在广泛的田间条件下，决定种子迅速整齐出苗和长成正常幼苗潜在能力的总称。

3.2　花期间隔 flowering interval

制种玉米父本和母本由于成熟时间不同，父本散粉时间和母本吐丝时间不同，为保证父本散粉时期和母本吐丝时期相遇，将父本、母本依次在不同时间播种，称为花期间隔。

4.总体要求

文件中各项指标分级和综合定级应分为 3 级，分别是 1 级、2 级、3 级，其中 1 级最高，

3 级最低。

5.亲本种子活力

亲本种子活力检测方法为冷浸发芽法，检测方法依据 NY/T 3766—2020 的规定执行，具体分级标准见表 1。

表 1　种子活力划分标准

等级	活力值/%
1 级	≥80
2 级	60～79
3 级	<60

6.花期间隔时间

各时期温度及外部环境的变化，不同年份同一时期也会存在较大差异，错期时间越长花期相遇的风险随即增加。以花期间隔、先播亲本种类为划分依据，结合种植困难程度。具体分级标准见表 2。

表 2　花期间隔时间分级标准

等级	错期方式
1 级	父母本同期播种
2 级	先播母本进行错期
3 级	先播父本进行错期

7.父本散粉周期

父本散粉时间的长短影响制种结实率的高低及制种的难易程度。父本散粉时间越长，制种风险越低。具体分级标准见表 3。

表 3　父本散粉时间分级标准

等级	散粉时间
1 级	≥7
2 级	5～6
3 级	≤4

8.亲本评定综合定级

8.1 综合定级要求

制种玉米亲本评价以亲本种子活力、花期间隔时间、父本散粉周期三项指标定级。

8.2 综合定级标准

8.2.1 三项指标在同一质量等级时,直接定级。

8.2.2 三项指标中两项指标在同一质量等级时,直接定级,其中单一指标质量等级高于整体定级 2 级时,整体定级提升一级,低于整体定级 2 级时,整体定级降低一级。

8.2.3 三项指标均不在同一质量等级时,直接定为第 3 级,其中单一指标质量等级高于整体定级 2 级时,整体定级提升一级。

附录三

滴灌冬小麦制种生产技术规程

（DB 6523/T 324—2021）

1.范围

本文件规定了滴灌冬小麦制种生产管理的术语和定义、水肥管理、病虫草害综合防控和去杂管理规范。

本文件适用于昌吉回族自治州制种滴灌冬小麦田间栽培管理。

2.规范性引用文件

下列文件中的内容通过文中的规范性引用而构成本文件必不可少的条款。其中，注日期的引用文件，仅该日期对应的版本适用于本文件；不注日期的引用文件，其最新版本(包括所有的修改单)适用于本文件。

GB/T 20464　农作物种子标签通则

GB/T 3543　(所有部分)农作物种子检验规程

GB 4404.1　粮食作物种子　第1部分:禾谷类

GB/T 50485　微灌工程技术规范

GB/T 8321(所有部分)　农药合理使用准则

NY/T 1106　含腐植酸水溶肥料

NY/T 1107　大量元素水溶肥料

NY/T 1276　农药安全使用规范总则

NY/T 2623　灌溉施肥技术规范

NY/T 496　肥料合理使用准则通则

NY/T 525　有机肥料

NY/T 611　农作物种子定量包装

NY/T 884　生物有机肥

3.术语和定义

下列术语和定义适用于本文件。

3.1　原原种 original seed

由育种家种子直接繁殖而来，具有该品种特异性、一致性和遗传稳定性，达到原原种质量标准。

3.2　原种 stock seed

由原原种直接繁殖而来，具有该品种特异性、一致性和遗传稳定性，达到原种质量标准。

3.3　滴灌 drip irrigation

利用滴头、滴灌管(带)等设备，以滴水方式，湿润植物根区附近土壤的灌水方法。

3.4　水肥一体化 integrated management of water and fertilizer

根据作物需求，对农田水分和养分进行综合调控和一体化管理，以水促肥，以肥调水，实现水肥耦合，提高农田水肥利用效率。

4.播前准备

4.1　选地整地

选择有灌溉条件，土壤肥沃，适合机械化操作的地块。播前耕旋，做到耕层上虚下实，耕层内无根茬、残膜等，地面平整，无明显土块，为播种创造良好的土壤条件。

4.2　品种选择与种子处理

根据气候和栽培条件，选择高产、优质、多抗的品种，药剂拌种，种子包衣处理。种子质量需符合 GB 4404.1 中 4.2.3 的质量要求，纯度≥99.9%、净度≥99.0%、发芽率≥85%、水分≤13.0%。

4.3　播期

适时播种、足墒播种。于 9 月中下旬至 10 月上旬播种，气温要求稳定在 16～20 ℃，利于冬前分化壮苗，为提高成穗率创造基础。播种时做到专机播种，换种前要清理干净机器内残余种子，避免机械混杂。

5.水肥一体化管理

5.1　灌溉制度

5.1.1　水源选择

利用地表水(河流、水库、小塘坝等)、地下水等作为水源，水质应符合 GB/T 50485 和 NY/T 2623 的要求。

5.1.2　灌溉定额

根据冬小麦各生育期需水规律(表A)、常年平均降水情况结合土壤墒情确定灌溉次数、灌水时期和灌水定额,制定灌溉制度,并根据实际降水情况、冬小麦生长状况及时进行调整。降水大,墒情好,可相应减少灌溉次数和灌水量。滴灌制种冬小麦全生育期灌溉8～9次,每667 m^2 灌溉定额为280～365 m^3(表A)。

5.1.3　滴灌管(带)配置

应采用一管四行或一管五行滴灌栽培模式,毛管采用迷宫式、内镶式,间距60 cm,毛管铺设长度一般在50～100 m。播种、铺管(带)一次性完成,拉直并连接好滴灌管(带)。

5.2　施肥制度

5.2.1　施肥原则

遵循化肥减量增效、有机无机配施、增施有机肥、培肥地力的原则,依据小麦的养分吸收利用特性,结合土壤肥力水平和养分供应能力与特点,科学配比、养分平衡,重视水肥联合调控。

5.2.2　肥料选择

肥料应符合NY/T 496的相关规定。其中有机肥应选择腐熟的有机肥或符合NY 525、NY 884的要求。由于滴灌技术对肥料的溶解度要求高,追肥肥料品种应符合NY 1107和NY 1106的相关规定,可选择固体产品中水不溶物≤5.0%或液体产品中水不溶物≤50 g/L的大量元素、中量元素及微量元素水溶肥料,或者选择尿素、磷酸二氢钾或养分含量≥72%的水溶性磷酸一铵以及养分含量≥50%的水溶性硫酸钾肥料(表B)。

5.2.3　施肥量

根据目标产量、土壤养分和水肥一体化条件下的肥料利用率来计算。每生产100 kg冬小麦籽粒,需吸收氮(N)3.0～3.5 kg,五氧化二磷(P_2O_5)1.0～1.3 kg,氧化钾(K_2O)2.0～2.5 kg,昌吉回族自治州滴灌冬小麦制种施肥总量参见表C。

5.2.4　施用方法

5.2.4.1　基肥

基肥结合翻耕施入。结合前茬作物收获进行秸秆粉碎还田,及时深翻,深度25～30 cm。同时施用基肥,可用20%的氮肥、20%磷肥充分混匀后机械撒施,做到施肥均匀,不重不漏,然后深翻。施用氮肥(N)2.8～4 kg/667 m^2,磷肥(P_2O_5)1.4～2 kg/667 m^2,增施优质农家肥1～2 t/667 m^2 或商品有机肥50～100 kg/667 m^2。

5.2.4.2　种肥

种肥在制种冬小麦播种时施入,可将5%的氮肥、20%的磷肥结合播种(种、肥分离)施入,即播种时,施用氮肥(N)0.7～1 kg/667 m^2,磷肥(P_2O_5)1.4～2 kg/667 m^2。

5.2.4.3　追肥

根据土壤养分状况和制种滴灌冬小麦的生长发育规律及需肥特性，将剩余的75%的氮肥、60%的磷肥、全部钾肥分别在返青期、拔节期、孕穗期、扬花期、灌浆期随水滴施，以保证小麦在不同生育期对氮磷钾的需求。滴灌冬小麦制种各生育期追肥量参见表D。

6.主要病虫草害综合防控

6.1　防控原则

坚持科学监测、预防为主，综合防治的原则，以环境友好型化学防治技术为核心，综合生物、物理、农业、生态调控等防控措施，确保制种冬小麦病虫草害整体防效，并最大限度地减少农药用量和施药次数。农药选择应符合GB/T 8321(所有部分)和NY 686的规定。

6.2　播种期防治

6.2.1　小麦黑穗病防治

3%苯醚甲环唑、萎锈灵悬浮种衣剂或2.5%咯菌腈200 mL，加水18 L混匀，包衣100 kg种子。

6.2.2　小麦根腐病防治

选用24%福美双·三唑醇悬浮种衣剂按药种比1∶50包衣，或15%三唑酮可湿性粉剂按种子重量的0.03%(有效成分)的剂量拌种。

6.2.3　小麦雪腐雪霉病防治

氟环·咯·苯甲200 mL加水1.8 L混匀，包衣100 kg种子。

6.3　返青至拔节期防治

6.3.1　阔叶杂草防治

阔叶杂草主要有藜、田旋花、卷茎蓼。在杂草2～4叶，小麦拔节前，喷施10%苯磺隆可湿性粉剂10～12 g/667 m^2，20%双氟-氟氯酯水分散粒剂3～5 g/667 m^2，喷雾施用，兑水量为30 kg。

6.3.2　禾本科杂草防治

禾本科杂草主要以野燕麦、苦苣菜、萹蓄、刺儿菜、稗草、狗尾草等。在禾本科杂草1～3叶期，喷施5%唑啉·炔草酯乳油80～100 mL/667 m^2，7%双氟·炔草酯可分散油悬浮剂70～80 mL/667 m^2，喷雾施用，兑水量为30 kg。

6.4　穗期防治

6.4.1　病害防治

穗期病害主要有小麦条锈病、小麦叶锈病和小麦白粉病。根据小麦锈病和白粉病预测预报结果，在病害发生初期，即进行防治，做到发现一点，防治一片，普治与挑治相结合，可用25%丙环唑乳油30 mL/667 m^2喷雾防治，兑水量为30 kg。

6.4.2 虫害防治

穗期虫害主要有小麦皮蓟马、小麦蚜虫和小麦负泥虫。根据麦田虫害预测预报结果，在虫害发生期，可用5%吡虫啉可湿性粉剂30 g/667 m^2或22%氟啶虫胺腈悬浮剂10 mL/667 m^2喷雾防治，兑水量为30 kg。

7.去杂管理

7.1 去杂时间

小麦抽穗后籽粒形成期和蜡熟期进行两次去杂。

7.2 去杂方法

彻底对杂株、病株、劣株、变异株、燕麦、大麦及异作物进行去除，要求连根拔起，拿出地外，不允许剪除杂穗或将杂穗遗留在地中，严禁随地乱扔。

7.3 杂株判断

根据品种的株高、穗形、穗色、芒的长短等品种特性。具体标准如下：

a)优势株：整株长势明显高出群体1穗头高，但穗形、穗色与本品种一致的小麦；

b)杂株：穗形、颖壳颜色、芒色、特异或与群体明显不一致；

c)病株：矮腥黑穗、腥黑穗每平方超过2穗的整块条田不允许留种；

d)病田：整块条田条锈、叶锈、或白粉病严重，对产量有影响的地块不允许留种；

e)异作物燕麦、大麦；

f)其他植物：黑豌豆及其他高于小麦的杂草。

7.4 去杂合格标准

原种种子田间杂株率不超过0.1%，良种田间杂株率不超过1%。

8.收获管理

8.1 适时收获

籽粒水分≤13%及时进行收获。

8.2 监督管理

收获过程生产人员必须现场监督，确认收割品种及地块准确无误。专机收获，收获前清理收割机，重点清扫贮粮仓、籽粒推运器、梯形振动板等容易藏籽部位，不得留有小麦和杂草种子；收割机械进田作业前必须空转5 min以上，彻底清扫后方能进入种子田作业。收获的前20 m种子必须作为杂粮，由农户自行处理。收过大麦、燕麦的机械不得进入种子田作业。

8.3 场地管理

对运种粮车辆、种粮存放场地、清粮机等进行检查验收，需无杂粒和异作物。卸粮场地必须是水泥场地、干净、无其他杂粒。在运输、晾晒等过程中严防机械和人为混杂。

8.4　储藏运输

收获后种子质量需符合 GB 4404.1 中 4.2.3 的质量要求，纯度≥99.0%、净度≥99.0%、发芽率≥85%、水分≤13.0%，种子的标签和包装需符合 GB/T 20464 和 NY/T 611 的要求。

参考文献：

[1] GB/T 20464　农作物种子标签通则
[2] GB/T 3543(所有部分)　农作物种子检验规程
[3] GB 4404.1　粮食作物种子第 1 部分:禾谷类
[4] GB/T 50485　微灌工程技术规范
[5] GB/T 8321(所有部分)　农药合理使用准则
[6] NY/T 1106　含腐植酸水溶肥料
[7] NY/T 1107　大量元素水溶肥料
[8] NY/T 1276　农药安全使用规范总则
[9] NY/T 2623　灌溉施肥技术规范
[10] NY/T 496　肥料合理使用准则　通则
[11] NY/T 525　有机肥料
[12] NY/T 611　农作物种子定量包装
[13] NY/T 884　生物有机肥

表 A　滴灌冬小麦制种灌溉制度参照表

生育期	适宜土壤湿润湿度/cm	土壤适宜相对含水量下限值(占田间持水率的百分数)/%	灌溉次数/次	每次 667 m^2 灌水定额/(m^3/次)	每 667 m^2 灌水定额/m^3
播种及出苗期	20	65	1	15～20	280～365
越冬	20	65	1	30～35	
返青期至拔节期	20	65	1～2	40～45	
孕穗期至扬花期	20	70	2	40～45	
扬花期至灌浆期	20	70	2	40～45	
灌浆期至乳熟期	20	65	1	35～40	

表 B　肥料种类及其有效成分含量

	有机质质量分数（以干基计）/%	腐殖酸含量/%	N/%	P_2O_5/%	K_2O/%	大量元素总养分（$N+P_2O_5+K_2O$）/%
有机肥	≥45					≥5
生物有机肥	≥40					
腐植酸水溶肥		≥3.0				≥20
大量元素水溶肥						≥50
尿素			≥46			
水溶性磷酸一铵（MAP）			≥12	≥61		
磷酸二铵			≥18	≥46		
农业用硫酸钾					≥50	
磷酸二氢钾				≥52	≥34	

表 C　不同土壤肥力各种养分总施肥量

土壤肥力水平	施肥量/（kg/667 m^2）		
	N	P_2O_5	K_2O
高肥力	14～16	7～8	1～2
中肥力	16～18	8～9	2～3
低肥力	18～20	9～10	3～4

表 D　滴灌冬小麦制种各生育期追肥量

生育期	施肥次数/次	施肥量/（kg/667 m^2）		
		N	P_2O_5	K_2O
返青期	1	2. 8～4	—	—
拔节期	1	2.8～4	0. 7～1	0. 2～0. 8
孕穗期	1	2.8～4	1.4～2	0.3～1.2
扬花期	1	1.4～2	1.4～2	0.4～1.6
灌浆期	1	0.7～1	0.7～1	0. 1～0.4

附录四

早熟优质机采棉种子生产技术规程

（DB 6523/T 326—2021）

1.范围

本文件规定了早熟机采棉种子生产的术语和定义、技术指标和种子生产管理要求。

本文件适用于昌吉回族自治州行政区域内及类似棉区。

2.规范性引用文件

下列文件中的内容通过文中的规范性引用而构成本文件必不可少的条款。其中，注日期的引用文件，仅该日期对应的版本适用于本文件；不注日期的引用文件，其最新版本（包括所有的修改单）适用于本文件。

GB 4407.1—2008　经济作物种子第1部分：纤维类

NY/T 3682—2020　棉花脱叶催熟剂喷施作业技术规程

3.术语和定义

下列术语和定义适用于本文件。

3.1　化学调控 chemical control

指应用植物生长调节物质，通过改变植物内源激素系统，调节作物生长发育，使其朝着人们预期的方向和程度发生变化。

3.2　生育时期 birth period

棉花生育时期出苗、现蕾、盛蕾、开花、盛花、吐絮6个时期。

3.3　成铃 cotton boll

棉铃直径达到2 cm即为成铃。

3.4 滴灌制度 drip irrigation system

指棉花播种前及全生育期内的滴水次数、每次的滴水日期、滴水定额及滴灌定额。

3.5 滴灌定额 irrigation quota

生育期各次滴水定额的总和。

3.6 滴水周期 drip cycle

两次滴水间隔的时间。

3.7 原原种 The original seed

育种专家育成的遗传性状稳定的品种或亲本的最初一批种子，其纯度为100%。

3.8 原种 elite

由品种育成单位通过原种生产程序繁殖出的纯度较高，质量较好，而且能进一步供繁殖良种使用的基本种子。

3.9 健子率 healthy seed rate

成熟饱满、色泽正常的种子占比率。

3.10 包衣种子 capsuled seeds

将种衣剂均匀地包裹在脱绒子表面并形成一层膜衣的种子。

3.11 精量播种 precision sowing

使用棉花精量播种机械，按照栽培要求将预定数量的高质量棉花种子每穴1粒播到棉田土壤中适当位置的播种技术方法。

4.技术指标

4.1 株行距配置

行距为76 cm等行距，株距为5.6～6.0 cm，一膜三行三带。理论密度为1.56万～1.46万株/667 m^2，收获株数为1.15万～1.25万株/667 m^2。行距为(66 cm+10 cm)，株距为10.5～12 cm，一膜六行三带或两带。理论密度为1.46万～1.67万株/667 m^2，收获株数1.25万～1.35万株/667 m^2。

4.2 植株形态指标

株高80～90 cm平均果枝台数8～10台，果枝始节20～25 cm。

4.3 目标产量

总铃数8.00万～10.00万个/667 m^2，籽棉产量380～450 kg/667 m^2，衣分40%以上，皮棉产量150～180 kg/667 m^2，校正系数95%。

4.4 生育进程

4月中下旬出苗，5月下旬现蕾，6月下旬开花，9月上旬吐絮。

5.种子生产管理

5.1 播前准备及播种（3月下旬至4月中旬）

5.1.1 品种选择

选择早熟、优质、高产、耐病、广泛、吐絮集中、吐絮畅、含絮好、抗倒伏、脱叶剂敏感的适宜机械采收的品种。

5.1.2 种子质量要求

种子需选择经过精选、分级处理的棉花光子或包衣种子，种子质量应符合 GB 4407.1 中 4.2.1 的质量要求，纯度≥99.0%，净度≥99.0，水分≤12.0，并且发芽率不低于 90%，残酸≤0.15%，破籽率≤3%。

5.1.3 隔离区

原种制种田隔离区直线距离不少于 300 m，大田用种制种田隔离区直线距离不少于 100 m。

5.1.4 土地准备

选择土层深厚，盐渍化轻的壤土、轻黏土，0～20 cm 土层有机质含量≥1.0%；土壤碱解氮≥60 mg·kg、速效磷≥20 mg·kg、速效钾≥120 mg·kg，土壤总盐量≤0.3%，地势平坦、边角整齐、集中连片的棉田。

5.1.5 施基肥

秋季耕翻时根据田土壤肥力及土壤类型，基施磷肥 4～6 kg/667 m^2（P_2O_5），磷肥以重过磷酸钙为好。基础肥力较好的土地基施肥量减少，沙性土壤也减少基肥施肥量，基施钾肥 4～6 kg/667 m^2（K_2O），农家肥 2 000～3 000 kg/667 m^2，将磷肥、钾肥与有机肥一起撒施于地表，然后深翻，清理杂草、残膜，将地整为待播状。

5.1.6 化学除草及整地

播前结合整地，施用 33%二甲戊灵乳油用量 150～250 mL/667 m^2 等除草剂，边喷边耙（耙深 3～5 cm），使药剂与土壤均匀混合，做到喷施均匀，以提高除草效果。

5.1.7 播种及保苗

当膜下 5 cm 地温稳定在 12 ℃以上时即可播种，适播期一般在 4 月 5 日至 4 月 20 日，采用精播技术，要求每穴 1 粒，空穴率＜2%播种深度 1.5 cm 左右，覆土 1 cm。播行端直，接行准确，膜边压实，出苗率达到 85%以上，保苗率＞80%。

5.2 苗期管理

5.2.1 滴水施肥

播种后根据天气状况适时滴出苗水，滴水时 0.6 kg/667 m^2（硫酸铵）进行根际调控，同时滴施 98%磷酸二氢钾 2～3 kg/667 m^2 和 2 kg/667 m^2 腐殖酸肥料，以达到压盐、早出黄、促壮苗的目的。播种后若遇雨后膜上封土板结时，补滴水 10～15 min，种孔见水即可，也可进行人工破除板结辅助放苗，晴天放苗要避开中午高温。

5.2.2 苗期去杂去劣

精播棉田一般不进行定苗，但应及早剔除弱苗、病苗，同时清除田间杂草，根据叶形、苗期生长势去除杂株劣株。

5.2.3 病虫草害控制

播种后对田边地头喷洒杀虫剂形成封闭，控制害虫向棉田迁移。苗期棉田要勤查，发现棉蚜和棉叶螨后，选用专杀性药剂重点挑治，棉蓟马较重发生年份则应及时全田喷施杀虫剂进行防治，id治棉蓟马药剂用啶虫脒或吡虫啉，棉叶螨用杀螨剂。

5.2.4 化学调控

第一果枝节位高度应在 20 cm 左右，根据气候状况、品种苗期生长势强弱、对缩节胺敏感程度进行合理化学调控。一般在子叶期和 2 片真叶期分别调控 2 次，子叶期缩节胺 1～1.5 g/667 m^2，2 片真叶期 0.5～1 g/667 m^2，具体用量应酌情增减。

5.2.5 中耕

早中耕、深中耕，播种结束后即可开始中耕，中耕做到宽、深、松、碎、平、严，达到不拉沟、不拉膜、不埋蕾，土壤平整、松碎、镇压严实。中耕深度由浅到深，第一次 8～10 cm，后一次深度 12 cm 左右，中耕一般进行 2 次，达到促苗早发。

5.3 蕾期管理

5.3.1 中耕松土

棉花蕾期，进行一次中耕除草，以改善根系土壤环境，促进棉苗根系生长，中耕深度 15 cm 左右，防止压苗伤苗。

5.3.2 滴水施肥

根据棉花长势和土壤墒情合理确定头水时间，一般在 6 月上旬进行第一次滴水对墒情较差、苗弱的棉田提早进行滴水滴肥，促苗早发、培育壮苗。第一次随水滴施尿素3 kg/667 m^2，磷肥(P_2O_5)3.3 kg/667 m^2，第二次滴施尿素 4 kg/667 m^2，第三次尿素 5 kg/667 m^2。

5.3.3 化学调控

根据棉田长势与气温进行合理调控，一般一水一控，缩节胺用量在 1.5～2.5 g/667 m^2，棉花长势弱或水情差缩节胺减量，缩节胺喷施在滴水前 2～3 d 进行。

5.3.4 虫草害防治

蕾期重点防治棉蚜和棉叶螨以及棉铃虫、恶性杂草。若棉田点片发生棉蚜危害，选用啶虫脒或吡虫类杀虫剂或其他高效低毒杀虫剂进行防治，发生棉叶螨可用杀螨药剂进行点片防治；加强棉铃虫虫情预报，达到防治指标时，可用诱杀和低毒生物药剂进行综合防治，人工进行杂草拔除。

5.3.5 蕾期去杂去劣

在种子棉田在蕾期由专业技术人员根据蕾期生长势、株型、叶形进行第二次剔除杂株、病株、生长不健壮的劣株。

5.4 花铃期管理

5.4.1 滴水施肥

棉花花铃期进入生育高峰，对水肥需求量大，此期气温高，蒸腾量大，因此，应增加滴水频次和每次水量；一般滴水间隔时间 7～10 d，每次随水滴施尿素 5～7 kg/667 m^2，花铃期不施磷肥，分 2 次滴施硫酸铵进行根际调控，用量为 2.3 kg/667 m^2。

5.4.2 化学调控

花铃期进行 3～4 次调控，根据棉花长势进行调控，棉花打顶前缩节胺用量为 2～3.3 g/667 m^2，打顶后进行两次缩节胺调控，第一次缩节胺用量 5～7 g/667 m^2、第二次用量 8～12 g/667 m^2 封顶，同时加入硼肥喷施。

5.4.3 适时打顶

根据不同种植方式和密度，保留 7～10 台果枝。一般 7 月 5 日前完成打顶，最迟不能超过 7 月 10 日，株高控制在 75～85 cm。

5.4.4 病虫草害防治

以防治棉蚜、棉叶螨、棉铃虫等虫害为主，棉铃虫根据虫情调查，在达到防治指标时选用低毒生物类以及菊酯类等农药，在棉铃虫卵孵化盛期至幼虫 3 龄前进行药剂防治。

5.4.5 花铃期去杂去劣

在种子棉田在棉花铃期由专业技术人员根据生长势、株型、叶形、线毛、铃形进行第三次鉴别，除杂株、病株、生长不健壮的劣株。

5.5 絮期管理

5.5.1 清除杂草及停水

在棉花收获前对棉田杂草进行一次彻底的清除。根据棉花长势与气候状况确定停水时间，一般控制在 8 月底或 9 月初停水。

5.5.2 脱叶催熟

棉花脱叶催熟应按照 NY/T 3682 的要求执行。

根据棉田长势与气温进行合理调控，一般一水一控，缩节胺用量在 1.5～2.5 g/667 m^2，棉花长势弱或水情差缩节胺减量，缩节胺喷施在滴水前 2～3 d 进行。

5.5.3 采收

机采棉花采收前对棉田地边地头进行平整和清理，整理出采棉机采收通道。机械采收种子棉花为了保证纯度，在采收前必须将采棉机里外全部清理干净，防止其他棉花泥入种子棉花中。棉花脱叶率≥90%，棉铃吐累率≥95%以上时即可进行机械采收。为控制机采种子棉籽棉含水量，采样时间应在无露水时采收，含水率≤8%。人工或机械清除残膜。

5.6 运输、堆垛

5.6.1 运输

机采种子棉若采用箱式采棉机，在采收开始前必须将运输车辆清理干净，防止其他棉花泥入。严禁种子棉落地。

5.6.2 堆垛

种子棉进入轧花厂必须单堆单放，轧花厂的堆垛机械必须进行严格清理，垛场清扫干净，做到无杂花混杂。种子垛必须及时苫盖严密，做到不露白、不漏水。

参考文献：

[1] GB 10395.7—2006 农林拖拉机和机械 安全技术要求 第7部分：联合收割机、饲料和棉花收获机

[2] GB 1103.1—2012 棉花第1部分：锯齿加工细线棉

[3] GB/T 50485—2009 微灌工程技术规范

[4] GB 5100 B32004 棉花种子分级标准

[5] GB/T 8321.9—2009 农药合理使用准则

[6] NY/T 395—2000 农田土壤环境质量监测技术规范

[7] NY/T 396—2000 农田水源环境质量监测技术规范

[8] NY 400 硫酸脱绒与包衣种子

[9] DB 65/T 2267—2005 机采细绒棉种植作业技术规程

[10] DB 65/T 3058—2010 大田膜下滴灌工程验收标准

附录五

瓜菜作物种子第1部分：瓜类

作物名称	种子类别		质量指标/%				备注
			纯度	净度	发芽率	水分	
冬瓜	原种		98.0	99.0	70	9.0	
	大田用种		96.0		60		
西瓜	亲本	原种	99.7	99.0	90	8.0	
		大田用种	99.0				
	二倍体杂交种	大田用种	95.0	99.0	90	8.0	
	三倍体杂交种	大田用种	95.0	99.0	75	8.0	
甜瓜	常规种	原种	98.0	99.0	90	8.0	
		大田用种	95.0		85		
	亲本	原种	99.7	99.0	90	8.0	
		大田用种	99.0		90		
	杂交种	大田用种	95.0	99.0	85	8.0	
中国哈密瓜	常规种	原种	98.0	99.0	90	7.0	
		大田用种	90.0	99.0	85		
	亲本	大田用种	99.0	99.0	90	7.0	
	杂交种	大田用种	95.0	99.0	90	7.0	
黄瓜	常规种	原种	98.0	99.0	90	8.0	
		大田用种	95.0				
	亲本	原种	99.9	99.0	90	8.0	
		大田用种	99.0	99.0	85	8.0	
	杂交种	大田用种	95.0	99.0	90	8.0	

注：本表数据引自 GB 16715.1—2010。

附录六
种子繁育员学徒岗位标准

一、入学要求

普通高级中学毕业、中等职业学校毕业或具备同等学力。学徒的认定采取先招生入学，学生充分对专业岗位、现代学徒制认知的前提下，按照自愿报名、学校推荐、企业面试的方式进行学徒选拔。

二、修业年限

基本修业年限 3 年，实行学分弹性学制，在校学习时间不少于 2 年(修满学分)，最长修业年限为 5 年。

1.提前完成学业

凡能按照主修专业课程计划的要求，修满规定的各类学分，符合毕业条件的学生，允许提前完成学业就业(毕业证需 3 年期满领取)，但在校学习时间不少于 2 年。

2.延期毕业

凡在 3 年基本学习年限内难以达到毕业要求的或因休学、副修而不能按期毕业的学生，允许延期完成学业，但在校累计学习时间不超过 4 年，最长学习年限不超过 5 年(含休学)。

3.休学

学生获得学籍后参军入伍或在取得第一学期规定的学分以后的学习期间，可以申请休学，但应遵守延期毕业的有关规定。

三、职业面向

所属专业大类	所属专业类	对应行业	主要职业类别	主要岗位类别（或技术领域）举例	职业资格（职业技能等级）证书举例
农林牧渔	农业类	种业	作物遗传育种栽培技术人员、作物种子（苗）繁育生产人员、销售人员	种子繁育 种子销售 种子质量检验 种子加工等	农业技术员 农作物植保员

四、培养目标

本专业培养理想信念坚定、德技并修、全面发展，具有一定的科学文化水平、良好的职业道德和工匠精神、较强的就业创业能力，掌握种子生产与经营的专业知识和技术技能，面向现代种子行业企业的种子生产、销售、质量检测、加工贮藏等岗位，能够从事种子生产、种子质量检验、种子经营的技术服务、种子贮藏运输、经营管理等工作的高素质技术技能人才。

五、培养规格

本专业毕业生应在素质、知识和能力等方面达到以下要求：

（一）素质

(1)政治思想素质。具有正确的世界观、人生观、价值观。坚定拥护中国共产党领导，树立中国特色社会主义共同理想，践行社会主义核心价值观，具有深厚的爱国情感和中华民族自豪感；崇尚宪法、遵守法律、遵规守纪；具有社会责任感和社会参与意识。

(2)人文素养。具有一定的美育知识和健康高雅的审美意识，具有人与自然和谐发展的生态理念，了解我国农业文化。

(3)职业道德与职业素养。具有懂农业、爱农村、爱农民的服务“三农”职业理想、职业态度、职业责任、职业作风及创业、立业能力；热爱农业，具有吃苦耐劳、热爱劳动、踏实肯干、爱岗敬业等职业道德和高度的责任感；具有较强的信息采集与处理的能力；具有团队合作精神，有基本的人际和社会交往能力；具有终身学习能力、分析和决策的能力、知识迁移等综合能力；具备诚实守信、敬业、保守企业机密、精益求精的职业精神；养成创新、发展、安全生产的职业习惯，个人有职业生涯发展规划并能计划实施。

(4)身心素质。达到《国家学生体质健康标准》，具有健康的体魄、心理和健全的人格；具有良好的行为习惯和自我管理能力，对工作、学习、生活中出现的挫折和压力，能够进行心理调适和情绪管理。

（二）知识

(1)掌握常用应用文写作格式、方法、技巧知识及专业论文写作的基本要求。

(2)掌握一定程度的外语听、说、读、写技能。

(3)掌握化学、植物与植物生理基本知识。

(4)掌握土壤肥料、农业气象、作物遗传育种、田间试验与统计等基本知识。

(5)掌握农作物、蔬菜、西甜瓜生产技术知识。

(6)掌握农作物种子生产、质量检测、加工贮藏、销售基础知识。

(7)掌握农作物病虫害识别、防治技术知识。

(8)熟知常见农药及类型,掌握农药安全使用知识。

(9)掌握种子法规与行政管理、质量认证知识。

(三)能力

(1)能够制订作物种子生产计划并指导农民进行种子生产、管理。

(2)熟悉作物遗传的基本原理,能够进行田间试验设计,采取科学方法调查、统计及数据分析,能够担任农作物新品种选育助手。

(3)能识别常见病虫草害,结合生产实际,能够采取科学方法进行病虫害的预测、防治。

(4)熟悉农村工作方法,熟知不同农作物种子生产技术规程,具备良好的交流沟通能力,能够与村领导和村民沟通落实公司制种面积,指导种子生产,督查制种质量,开展质检工作。

(5)熟悉农作物种子市场基本状况,具备团队合作能力及应变能力,熟知种子营销知识、技巧,能够根据不同农作物种子特点采取不同营销策略。

(6)实践动手能力强,熟悉种子加工、贮藏的方法,能根据不同作物种子特点采取相应的加工、贮藏技术。

(7)掌握现代信息技术,能通过网络等途径不断学习,具备创新创业能力,能创造性地解决生产中的技术问题。

(8)具有一定的信息加工能力和信息技术应用能力。

(9)具有终身学习的能力。

基于以上素质、知识和能力要求,毕业生应能够完成以下典型工作任务:

(1)农作物种子生产技术指导,具体内容包括:种子生产基地落实、亲本种子发放、制种规程落实及田间管理技术指导与督查、种子质量控制、种子收获。

(2)农作物种子加工、贮藏,具体内容包括:种子清选、晾晒、包衣、包装及贮藏管理。

(3)农作物种子质量检验,具体内容包括:农作物种子净度、纯度、水分、发芽率等国标必检项目的检验、检验报告单的撰写等。

(4)农作物种子销售,具体包括:种子营销渠道的建立与维护、促销、新品种推广与技术服务等。

(5)农作物病虫害防治,具体包括:常见农作物病虫草害的识别、预测预报与科学防治。

六、专业学徒岗位实践能力标准

学徒岗位名称：种子繁育员岗位 工作任务与过程描述	要求具有的职业能力名称	综合职业能力(技术)要求	技能要求(名称)
根据农作物种子繁育员工作岗位内容及对关键技术、能力的要求，学徒期间，由企业师傅带领重点学习、掌握农作物种子繁育工作过程中制种基地落实、合同签订、亲本种子发放、播种作业管理、种子生产田田间管理、去杂去劣、去雄、种子收获等关键技术	落实制种基地、签订制种合同	根据作物(品种)生长发育特点，结合公司与制种基地实际情况，选择、落实制种基地，按要求签订制种合同	签订合同技能
	亲本种子发放	按照作物制种技术规程，按要求领取、发放亲本种子	亲本种子发放技能
	播种作业管理	按制种规程完成制种田播前整地、质量检查，并及时组织制种农户完成父母本的错期播种	播种作业管理技能
	种子生产田田间管理	按要求完成出苗率检查、间定苗及去杂去劣工作，指导农户及时开展水肥管理、中耕等田间管理工作	种子生产田田间管理技能
	去杂去劣	根据种子企业种子繁育员职业岗位要求，企业工作实际，规范操作，达到种子繁育员对杂株识别及去杂质量检查的职业岗位的任职要求，对制种户去杂质量做出准确判断	去杂去劣技能
	花期预测及调控	根据种子企业种子繁育员职业岗位要求，企业工作实际，规范操作，达到种子繁育员对玉米制种父母本花期预测及花期调节的职业岗位的任职要求，对玉米制种田的父母本花期做出准确判断	花期预测及调控技能
	病虫害识别与防治	根据农作物种子生产企业职业岗位要求及企业工作实际，合理实施，达到农作物繁育员职业岗位的任职要求，对常见农作物生产的有害生物采取有效的控制措施	病虫害识别与防治技能
	种子收获	根据农作物种子生产企业职业岗位要求、企业工作实际及种子繁育员工作岗位要求，完成种子收获工作任务，达到农作物繁育员职业岗位的任职要求	种子收获技能
	种子加工、包装	根据农作物种子生产企业职业岗位要求、企业工作实际及种子繁育员工作岗位要求，完成种子加工、包装工作任务，达到农作物繁育员职业岗位的任职要求	种子加工、包装技能

七、学徒校实训项目能力要求

序号	学徒实训项目名称	实训项目内容	技能与技术标准	实践时间（周）	学分
1	落实制种基地、签订制种合同	根据作物（品种）生长发育特点，结合公司与制种基地实际情况，选择、落实制种基地，按要求签订制种合同	(1)制种基地选择、落实：基地选择符合作物（品种）对光、热、水肥等的要求，制种农户具备种子生产能力（经验） (2)合同签订内容准确无误	1	1
2	亲本种子发放	按照作物制种技术规程，按要求领取、发放亲本种子	(1)能根据制种规程及制种合同签订情况准确计算、领取杂交制种父母本种子 (2)按照公司要求完成种子封样、发放，发放过程无种子流失、浪费与混杂	1	1
3	播种作业管理	按制种规程完成制种田播前整地、质量检查，并及时组织制种农户完成父母本的错期播种	(1)播前整地及质量检查 (2)播种：按照制种规程要求，及时播种，间无错行、漏行（播）、交叉、混杂、株距适合，播种深浅一致，镇压确实，确保苗齐苗壮 (3)播种作业质量检查：能独立完成播种质量的检查，并进行登记	2	2
4	种子生产田田间管理	按要求完成出苗率检查、间定苗及去杂去劣工作，指导农户及时开展水肥管理、中耕等田间管理工作	(1)出苗质量检查：及时开展查苗工作，能及时处理出苗不齐等问题 (2)间定苗工作：能指导、组织制种农户及时开展间定苗工作，并能准确识别杂株，能指导农户结合间定苗及时去杂去劣 (3)水肥管理：根据苗情适时开展浇水、施肥及中耕等工作，并填写记录单	4	4
5	去杂去劣	根据种子企业种子繁育员职业岗位要求，企业工作实际，规范操作，达到种子繁育员对杂株识别及去杂质量检查的职业岗位的任职要求，对制种户去杂质量做出准确判断	(1)制种田各时期杂株识别 (2)制种杂株去除 (3)制种去杂情况检查 (4)去杂质量检查结果	2	2

续表

序号	学徒实训项目名称	实训项目内容	技能与技术标准	实践时间（周）	学分
6	花期预测及调控	根据种子企业种子繁育员职业岗位要求，企业工作实际，规范操作，达到种子繁育员对玉米制种父母本花期预测及花期调节的职业岗位的任职要求，对玉米制种田的父母本花期做出准确判断	(1)父母本选择：能够根据要求准确选择父母本，具有代表性 (2)剥出父母本未出叶：能够准确剥出父母本未出叶片数，未出叶片完整，雄穗完好，记录准确 (3)父母本未出叶片数的统计及预测父母本花期：准确统计父母本未出叶的平均数，准确判断父母本的花期相遇情况 (4)根据预测结果，选择合适父母本花期调节方法：根据预测结果，父母本调节方法正确	1	1
7	病虫害识别与防治	根据农作物种子生产企业职业岗位要求及企业工作实际，合理实施，达到农作物繁育员职业岗位的任职要求，对常见农作物生产的有害生物采取有效的控制措施	(1)识别常见害虫：能够准确描述作物受害状特点，准确识别为害昆虫 (2)常见病害识别：能够准确识别作物常见病害，并正确判断病害类型 (3)病虫害田间调查： ①拟订田间调查计划；②设计田间调查表格；③田间选取样点；④实施田间调查并正确记录；⑤田间调查数据整理与分析；⑥撰写田间调查报告。 (4)农药稀释配制与使用： ①选取正确的农药；②药械检查；③正确称量农药，准备配制；④田间施药，均匀周到；⑤施药后正确清洗施药工具；⑥田间药效检查与分析	4	4
8	种子收获	根据农作物种子生产企业职业岗位要求、企业工作实际及种子繁育员工作岗位要求，完成种子收获工作任务，达到农作物繁育员职业岗位的任职要求	(1)确定适宜的采收时间：能准确判断制种玉米采收时间，并组织农户及时采收 (2)进行穗检：组织制种农户及时晾晒果穗，并根据品种特征进行穗检，填写检验记录单 (3)组织制种农户及时脱粒、晾晒、清选：能及时组织制种农户完成脱粒、种子晾晒与清选工作，其间无混杂、种子流失等情况 (4)配合完成种子质量检验，并组织农户进行种子交售	1	1

续表

序号	学徒实训项目名称	实训项目内容	技能与技术标准	实践时间（周）	学分
9	种子加工、包装	根据农作物种子生产企业职业岗位要求、企业工作实际及种子繁育员工作岗位要求，完成种子加工、包装工作任务，达到农作物繁育员职业岗位的任职要求	(1)种子精选：能操作种子精选机械，并进行调试，完成种子精选工作 (2)种子包装：根据公司要求，进行定级、包装，保证包装期间种子质量	1	1
		合计		19	19

八、毕业设计

岗前提升阶段需要在企业师傅指导下进行毕业设计和实施，在 5 月下旬完成岗位论文或技术创新论文的撰写，6 月上旬通过考核鉴定(答辩)，获 2 学分。

参考文献

[1] 吴金华，张迟，耿业朋，等. 全球种业现状及发展趋势分析[J]. 安徽化工，2017(1)：12-14.

[2] 侯军岐，权菊娥，侯丽媛. 国际种业公司案例分析及对我国种业发展启示[J]. 中国种业，2015(11)：3.

[3] 李波，杨吉德，李兰华. 中国种子产业运营模式的研究[J]. 中国种业，2011(12)：4.

[4] 常青记，撖晓东. 小麦种子繁育质量控制的探讨[J]. 中国种业，2014(8)：93-94.

[5] 王焕玲. 玉米种子生产技术研究与应用探讨[J]. 种子科技，2023，41(6)：50-52，59.